Joniel Alves dos Santos

MECÂNICA ANALÍTICA E DINÂMICA DE UM SISTEMA DE PARTÍCULAS

inter saberes

Rua Clara Vendramin, 58 . Mossunguê . CEP 81200-170 . Curitiba . PR . Brasil
Fone: (41) 2106-4170
www.intersaberes.com
editora@intersaberes.com

Conselho editorial
Dr. Alexandre Coutinho Pagliarini
Drª Elena Godoy
Dr. Neri dos Santos
Dr. Ulf Gregor Baranow

Editora-chefe
Lindsay Azambuja

Gerente editorial
Ariadne Nunes Wenger

Assistente editorial
Daniela Viroli Pereira Pinto

Preparação de originais
Ana Maria Ziccardi

Edição de texto
Gustavo Castro
Palavra do Editor

Capa
Débora Gipiela (*design*)
Dima Zel/Shutterstock (imagem)

Projeto gráfico
Débora Gipiela (*design*)
Maxim Gaigul/Shutterstock (imagens)

Diagramação
Muse Design

Iconografia
Maria Elisa Sonda
Regina Claudia Cruz Prestes

Dados Internacionais de Catalogação na Publicação (CIP)
(Câmara Brasileira do Livro, SP, Brasil)

Santos, Joniel Alves dos
    Mecânica analítica e dinâmica de um sistema de partículas/Joniel Alves dos Santos. Curitiba: InterSaberes, 2022. (Série Dinâmicas da Física)

   Bibliografia.
   ISBN 978-65-5517-220-1

   1. Dinâmica 2. Mecânica 3. Mecânica analítica I. Título. II. Série.

22-104351   CDD-531.11

Índices para catálogo sistemático:

1. Mecânica analítica e dinâmica: Física 531.11

                Cibele Maria Dias – Bibliotecária – CRB-8/9427

1ª edição, 2022.

Foi feito o depósito legal.

Informamos que é de inteira responsabilidade do autor a emissão de conceitos.

Nenhuma parte desta publicação poderá ser reproduzida por qualquer meio ou forma sem a prévia autorização da Editora InterSaberes.

A violação dos direitos autorais é crime estabelecido na Lei n. 9.610/1998 e punido pelo art. 184 do Código Penal.

Sumário

Apresentação 8
Como aproveitar ao máximo este livro 13

1 Equações de Lagrange e princípio de Hamilton 18

   1.1 Princípio variacional 20
   1.2 Equação de Euler 25
   1.3 Funcional de várias funções 31
   1.4 Reformulação da mecânica clássica 33
   1.5 Princípio de Hamilton 35
   1.6 Coordenadas generalizadas 41
   1.7 Equações de Lagrange em coordenadas generalizadas 45
   1.8 Equações de Euler com vínculos 59

2 Método hamiltoniano 77

   2.1 Teoremas de conservação 79
   2.2 Função hamiltoniana e equações de Hamilton 91
   2.3 Teorema de Liouville 108
   2.4 Teorema do virial 116

3 Dinâmica de um sistema de partículas 132

   3.1 Centro de massa 135
   3.2 Momento linear do sistema de partículas 140
   3.3 Momento angular do sistema de partículas 145
   3.4 Energia do sistema de partículas 150
   3.5 Movimento com massa variável 157

4 Colisão e espalhamento de partículas 173

4.1 Colisão de partículas 176
4.2 Espalhamento de partículas 194
4.3 Problema de N corpos 203

5 Dinâmica do corpo rígido 213

5.1 Energia cinética e tensor de inércia 216
5.2 Momento angular 227
5.3 Teorema dos eixos paralelos 238
5.4 Precessão de um pião 241
5.5 Equação de Euler 244
5.6 Ângulos de Euler 254
5.7 Movimento do pião 258

6 Teoria da relatividade especial 273

6.1 Transformação de Galileu 276
6.2 Postulados da teoria da relatividade especial 278
6.3 Cone de luz 286
6.4 Transformação de Lorentz 288
6.5 Quadrivetores 291
6.6 Eletrodinâmica e relatividade 301
6.7 Função lagrangiana na relatividade especial 308

Considerações finais 322
Referências 325
Respostas 327
Sobre o autor 338

Dedicatória

*À minha mãe, Sirlei, pelo amor,
a compreensão e pelo incentivo contínuo
na busca pelo crescimento e por sempre me
acolher com braços e abraços que me fazem
reviver a infância.*

Agradecimentos

Agradeço, imensamente, à Editora InterSaberes pela oportunidade da elaboração desta obra.

Epígrafe

*Nature, and Nature's laws lay hid in night.
God said,* Let Newton be! *and all was light.*

Alexander Pope

Apresentação

A mecânica é o estudo de como as coisas se movem, desde um elétron que colide com um núcleo atômico até um planeta orbitando uma estrela. Podemos afirmar, seguramente, que o conhecimento de seus princípios é indispensável para um estudante da área de ciências exatas.

Embora seus fundamentos tenham sido desenvolvidos até o século XIX, a área continua despertando grande interesse porque muitos sistemas, como a órbita de veículos espaciais e de partículas carregadas em aceleradores, são descritos conforme a mecânica clássica.

Os estudos em mecânica possibilitaram, entre outras ideias, o surgimento da teoria do caos, amplamente estudada atualmente. Além disso, a compreensão da mecânica clássica é um pré-requisito para os estudos da relatividade e da mecânica quântica.

Neste livro, não temos a pretensão de apresentar uma abordagem teórica geral dos temas aqui contemplados ou um rigor matemático exagerado; ao contrário, priorizamos demonstrações mais simples e argumentos baseados, muitas vezes, em nosso conhecimento da natureza, que agregam mais do ponto de vista da física do que da matemática, como nos cursos ordinários de física teórica.

O objetivo é que, ao final da obra, você seja capaz de aplicar as teorias de Euler, de Lagrange e de Hamilton em problemas de mecânica, além de descrever analiticamente o movimento de corpos rígidos e compreender a teoria de Euler-Lagrange aplicada à relatividade especial.

Em especial, na mecânica analítica, atualmente há abordagens bastante avançadas em livros que objetivam o estudo da física matemática mais do que da mecânica. Assim, o presente livro foi idealizado com um espírito e uma escrita humildes. Entendemos, por nossa experiência, que uma das falhas mais graves no sistema de ensino é o de supor certos conceitos fundamentais como elementares, a ponto de preteri-los em favor de conceitos mais complexos, sem que os alunos tenham maturidade acadêmica o suficiente para se apropriarem de seus verdadeiros significados. Por isso, propomos uma abordagem que se utilize de linguagem mais simples e que priorize as ideias e os conceitos fundamentais em cada capítulo.

Trata-se, entretanto, de um curso de física avançada, carregado de conceitos complexos. Mesmo que, para alguns, eles possam parecer óbvios, para outros, seus verdadeiros significados só são adquiridos depois de serem usados várias vezes em uma diversidade de situações. Assim, em cada capítulo, apresentaremos exemplos de aplicação para que as definições e os conhecimentos não se esgotem em expressões vazias de sentido.

Organizamos o livro de maneira a fornecer uma progressão adequada dos conhecimentos estudados, partindo da apresentação das equações de Euler-Lagrange do movimento e da demonstração de como o método hamiltoniano usado para se obter o extremo de um funcional pode ser aplicado na definição das equações de movimento de um problema mecânico arbitrariamente complicado. No entanto, não nos esqueceremos de dar a devida importância à filosofia das teorias de Euler, Lagrange e Hamilton. Vale ressaltar que essa discussão poderia ocupar um livro inteiro, mas isso foge de nossa proposta.

De início, com o propósito de que você se familiarize com o formalismo e a técnica do cálculo variacional das equações diferenciais que governam um problema dinâmico, apresentaremos, no Capítulo 1, a noção de funcional e um método para determinar o extremo desse funcional. Em outras palavras, buscaremos responder à seguinte pergunta: Qual é a função que minimiza um dado funcional?

No Capítulo 2, iniciaremos a abordagem da mecânica clássica segundo a formulação hamiltoniana, obtida com base na formulação lagrangiana (apresentada no capítulo anterior), por meio de uma transformação de Legendre. As implicações dessa nova metodologia, dos pontos de vista operacional e conceitual, serão discutidas e trabalhadas ao longo do texto.

A partir do Capítulo 3, retomaremos a mecânica newtoniana, aplicando as equações de Newton no estudo da dinâmica de um sistema de partículas, obtendo grandezas físicas relevantes, como momento linear, momento angular e energia.

Veremos com mais detalhes, no Capítulo 4, a interação entre as partículas de um sistema, analisando os efeitos das colisões de partículas. Nesse ponto, assumiremos como válidas as leis de Newton e realizaremos nosso estudo com base nas leis de conservação.

No Capítulo 5, examinaremos um caso especial de sistema de partículas, o chamado *corpo rígido*. Apesar de ser uma idealização, esse tipo de sistema permite compreender o comportamento de sistemas reais, qualitativa e quantitativamente, de forma mais simples. Nesse caso, o tensor de inércia será apresentado e interpretado, além de novas variáveis, como os eixos de inércia e os ângulos de Euler.

No Capítulo 6, trataremos das ideias principais da teoria da relatividade especial, lançando mão da matemática tensorial e introduzindo a noção de quadrivetores. Essa abordagem possibilita construir uma visão mais ampla dos efeitos das mudanças de referencial nas equações de Maxwell e, portanto, nos fenômenos eletromagnéticos. Por fim, veremos o formalismo lagrangiano aplicado na mecânica relativística.

Raramente encontramos um campo da ciência no qual a abstração matemática e os fatos experimentais andam juntos de forma tão bonita e se complementam tão perfeitamente. Não é por acaso que tantos estudiosos da matemática e da física tenham se interessado pelos princípios da mecânica.

A mecânica analítica, com sua elegância matemática, alinhada ao latente significado físico em seus fundamentos, abriu caminho para a melhor compreensão de fenômenos já conhecidos e para o desenvolvimento de novos campos na física teórica. Se este livro puder transmitir essa ideia, os esforços empenhados em sua elaboração já terão sido amplamente recompensados.

Bons estudos!

Como aproveitar ao máximo este livro

Empregamos nesta obra recursos que visam enriquecer seu aprendizado, facilitar a compreensão dos conteúdos e tornar a leitura mais dinâmica. Conheça a seguir cada uma dessas ferramentas e saiba como estão distribuídas no decorrer deste livro para bem aproveitá-las.

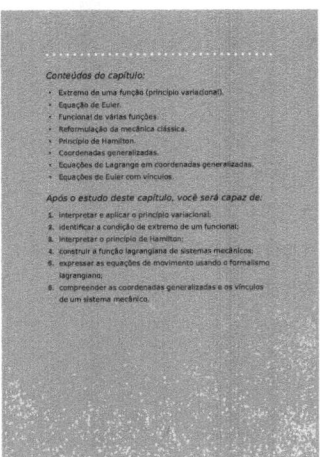

Conteúdos do capítulo:
Logo na abertura do capítulo, relacionamos os conteúdos que nele serão abordados.

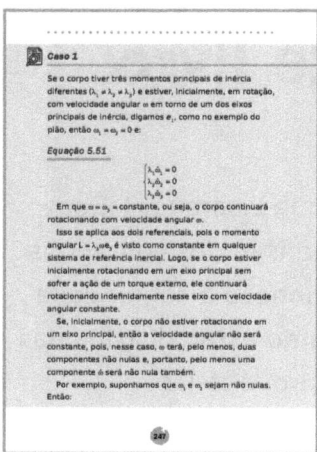

Após o estudo deste capítulo, você será capaz de:

Antes de iniciarmos nossa abordagem, listamos as habilidades trabalhadas no capítulo e os conhecimentos que você assimilará no decorrer do texto.

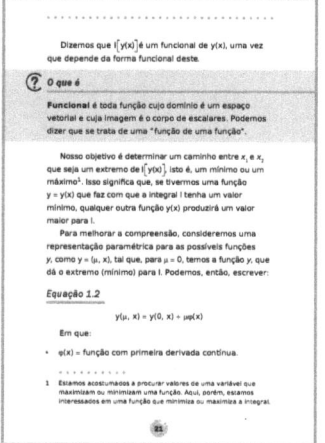

O que é

Nesta seção, destacamos definições e conceitos elementares para a compreensão dos tópicos do capítulo.

Exemplo 4.3

Uma corrente de comprimento L e densidade linear de massa λ é liberada do repouso tendo sua extremidade inferior apenas tocando o chão, como ilustra a Figura 4.5. Determine a força exercida sobre o chão quando um comprimento *y* já tenha caído.

Figura 4.5 – Esquema exemplificando o problema

Solução

Após um intervalo de tempo *dt*, a massa da corrente que caiu sobre o chão é $dm = \lambda v dt$, e a quantidade de movimento transferida para o chão é, portanto:

$$dp = (\lambda v dt) v = \lambda v^2 dt$$

A corrente cai sob a ação da gravidade; assim, a velocidade, depois de ter caído a uma distância *y*, é calculada por:

194

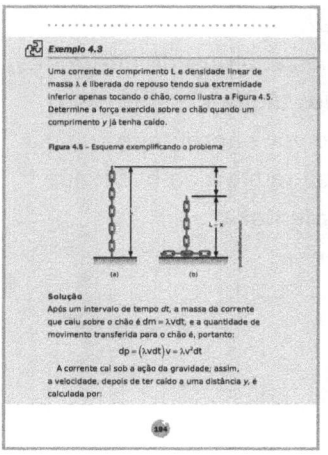

Exemplos

Disponibilizamos, nesta seção, exemplos para ilustrar conceitos e operações descritos ao longo do capítulo a fim de demonstrar como as noções de análise podem ser aplicadas.

Equação 1.33

$$g_k(q_i, t) = 0, \quad k = 1, 2, \cdots, m$$

Ou seja, temos *k* equações independentes de vínculo.

Quando o vínculo é da forma mostrada na Equação 1.33, dizemos que o vínculo é **holonômico**. Por exemplo, se houver duas partículas que se movem no plano *xy* conectadas por uma haste rígida de comprimento d, teremos quatro coordenadas (x_1, y_1) e (x_2, y_2) e a seguinte equação de vínculo:

Equação 1.34

$$g(x_1, y_1, x_2, y_2) = (x_2 - x_1)^2 + (y_2 - y_1)^2 - d^2 = 0$$

Temos, então, quatro coordenadas e a equação de vínculo, ou seja, o sistema tem três graus de liberdade. É possível, apesar de nem sempre útil, eliminar uma das variáveis da equação de movimento, porém é mais conveniente determinar um conjunto de coordenadas generalizadas.

Importante!

O número de graus de liberdade é igual ao número de coordenadas generalizadas quando o sistema é holonômico. Assim, no exemplo anterior, há três graus de liberdade, que podem ser as coordenadas (x, y) do centro da haste e o ângulo, entre a haste o eixo *x*.

47

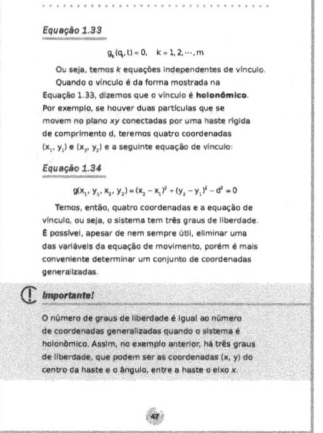

Importante!

Algumas das informações centrais para a compreensão da obra aparecem nesta seção. Aproveite para refletir sobre os conteúdos apresentados.

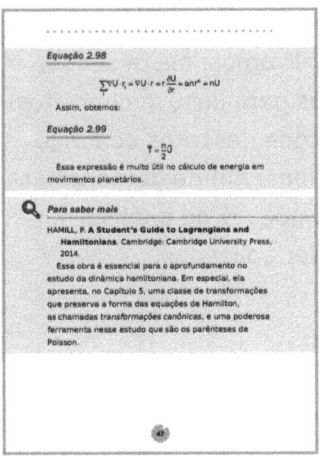

Para saber mais

Sugerimos a leitura de diferentes conteúdos digitais e impressos para que você aprofunde sua aprendizagem e siga buscando conhecimento.

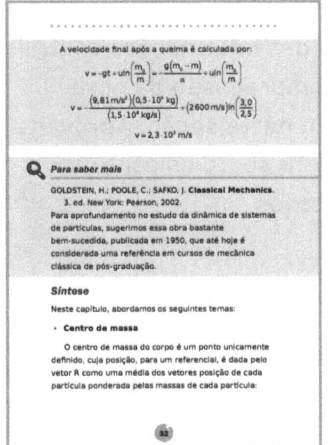

Síntese

Ao final de cada capítulo, relacionamos as principais informações nele abordadas a fim de que você avalie as conclusões a que chegou, confirmando-as ou redefinindo-as.

Questões para revisão

Ao realizar estas atividades, você poderá rever os principais conceitos analisados. Ao final do livro, disponibilizamos as respostas às questões para a verificação de sua aprendizagem.

Questões para reflexão

Ao propor estas questões, pretendemos estimular sua reflexão crítica sobre temas que ampliam a discussão dos conteúdos tratados no capítulo, contemplando ideias e experiências que podem ser compartilhadas com seus pares.

Equações de Lagrange e princípio de Hamilton

1

Conteúdos do capítulo:

- Extremo de uma função (princípio variacional).
- Equação de Euler.
- Funcional de várias funções.
- Reformulação da mecânica clássica.
- Princípio de Hamilton.
- Coordenadas generalizadas.
- Equações de Lagrange em coordenadas generalizadas.
- Equações de Euler com vínculos.

Após o estudo deste capítulo, você será capaz de:

1. interpretar e aplicar o princípio variacional;
2. identificar a condição de extremo de um funcional;
3. interpretar o princípio de Hamilton;
4. construir a função lagrangiana de sistemas mecânicos;
5. expressar as equações de movimento usando o formalismo lagrangiano;
6. compreender as coordenadas generalizadas e os vínculos de um sistema mecânico.

Existe uma versão alternativa para as leis da mecânica que faz uso de uma técnica chamada *cálculo variacional*, método iniciado por Isaac Newton (1643-1727) e, posteriormente, desenvolvido com contribuições dos irmãos Jakob Bernoulli (1655-1705) e Johann Bernoulli (1667-1748) e de outros pesquisadores como Leonhard Euler (1707-1783), Adrien-Marie Legendre (1752-1833), Joseph-Louis Lagrange (1736-1813), William R. Hamilton (1805-1865) e Moritz von Jacobi (1801-1874).

Essa versão alternativa se baseia nas equações de Lagrange e no princípio de Hamilton, tornando a análise de vários problemas em mecânica muito mais simples, como veremos.

O objetivo do cálculo de variações é determinar um caminho que forneça um extremo para a solução. Neste capítulo, desenvolveremos a matemática necessária para construir a formulação lagrangiana da mecânica.

1.1 Princípio variacional

Considere a seguinte integral:

Equação 1.1

$$I[y(x)] = \int_{x_1}^{x_2} f\{y(x), y'(x), x\} dx$$

Nessa integral, os colchetes $[\ ]$ denotam que a solução é uma função de y(x).

Dizemos que $I[y(x)]$ é um funcional de y(x), uma vez que depende da forma funcional deste.

O que é

Funcional é toda função cujo domínio é um espaço vetorial e cuja imagem é o corpo de escalares. Podemos dizer que se trata de uma "função de uma função".

Nosso objetivo é determinar um caminho entre x_1 e x_2 que seja um extremo de $I[y(x)]$, isto é, um mínimo ou um máximo[1]. Isso significa que, se tivermos uma função y = y(x) que faz com que a integral *I* tenha um valor mínimo, qualquer outra função y(x) produzirá um valor maior para *I*.

Para melhorar a compreensão, consideremos uma representação paramétrica para as possíveis funções y, como y = (μ, x), tal que, para μ = 0, temos a função y, que dá o extremo (mínimo) para *I*. Podemos, então, escrever:

Equação 1.2

$$y(\mu, x) = y(0, x) + \mu\varphi(x)$$

Em que:

- $\varphi(x)$ = função com primeira derivada contínua.

---

1 Estamos acostumados a procurar valores de uma variável que maximizam ou minimizam uma função. Aqui, porém, estamos interessados em uma função que minimiza ou maximiza a integral.

Dizemos que y(μ, x) são funções na vizinhança de y(x), cuja proximidade varia de acordo com o parâmetro μ. A função y(μ, x) deve ser idêntica a y(x) nos pontos inicial e final do caminho (x_1, x_2), uma vez que estes são fixados. Essa condição é satisfeita por $\varphi(x_1) = \varphi(x_2) = 0$. Essa situação está representada no Gráfico 1.1

Gráfico 1.1 – Função y(x) que torna o funcional um extremo e duas funções vizinhas

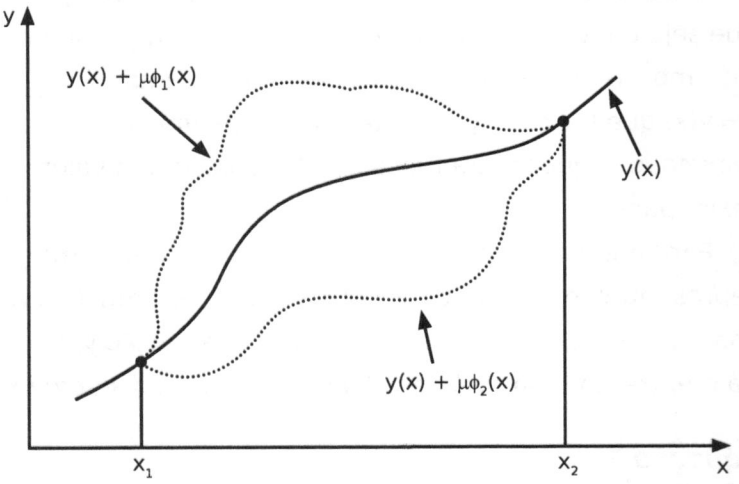

Assim, a integral *I* se torna uma função do parâmetro μ:

Equação 1.3

$$I(\mu) = \int_{x_1}^{x_2} f\{y(\mu, x), y'(\mu, x), x\} dx$$

Para que a integral tenha um valor extremo, ela deve ser independente de μ em primeira ordem, ou seja:

Equação 1.4

$$\left.\frac{\partial I}{\partial \mu}\right|_{\mu=0} = 0$$

Essa é a condição que deve ser satisfeita para qualquer função φ(x). Quando isso ocorre, dizemos que o resultado da integral é **estacionário**.

Exemplo 1.1

Considere a função $f = \left(\dfrac{dy}{dx}\right)^2$, com $y(x) = x + 1$. Para $\varphi(x) = \cos x$, determine $I(\mu)$ entre os pontos $x_1 = -\dfrac{\pi}{2}$ e $x_2 = \dfrac{\pi}{2}$ e mostre que seu valor estacionário ocorre para $\mu = 0$.

Solução

O conjunto de funções vizinhas a y(x), nesse caso, é dado por:

$$y(\mu, x) = y(x) + \mu\varphi(x) = x + 1 + \mu \cos x$$

Sua derivada é:

$$\frac{dy}{dx} = 1 - \mu \operatorname{sen} x$$

Note que a função φ(x) satisfaz à seguinte condição:

$$\varphi\left(x_1 = -\frac{\pi}{2}\right) = \varphi\left(x_2 = \frac{\pi}{2}\right) = 0$$

Assim, temos:

$$f = \left(\frac{dy(\mu, x)}{dx}\right)^2 = 1 - 2\mu \operatorname{sen} x + \mu^2 \operatorname{sen}^2 x$$

Podemos escrever o funcional $I(\mu)$ como:

$$I(\mu) = \int_{-\frac{\pi}{2}}^{\frac{\pi}{2}} \left(1 - 2\mu \operatorname{sen} x + \mu^2 \operatorname{sen}^2 x\right) dx$$

Com isso, obtemos:

$$I(\mu) = \frac{1}{2}\pi(\mu^2 + 2)$$

Ou seja, a condição dada pela Equação 1.4 é satisfeita, pois $I(\mu)$ é sempre maior do que $I(0)$, inclusive para valores negativos de μ.

Gráfico 1.2 – Representação paramétrica para as possíveis funções $y = y(\mu, x)$

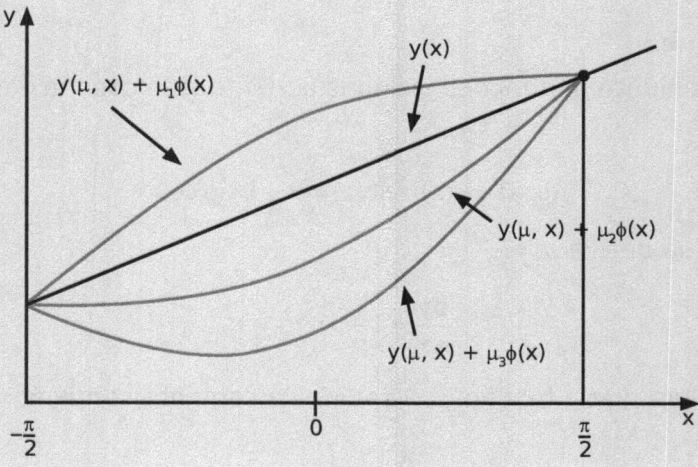

No Gráfico 1.2, temos as funções paramétricas y(μ, x).
A função que dá o extremo do funcional é:

y(x) = y(0, x)

1.2 Equação de Euler

A condição expressa na Equação 1.4 leva à solução para o problema proposto, isto é, a determinação da função que fornece o extremo do funcional: a equação de Euler.
Partindo da condição dada na Equação 1.4, temos:

Equação 1.5

$$\frac{\partial I}{\partial \mu} = \frac{\partial}{\partial \mu} \int_{x_1}^{x_2} f\{y(\mu, x), y', x\} dx$$

Nessa equação, a diferenciação afeta apenas o integrando, uma vez que os limites são fixados. Com isso, utilizando a Equação 1.2, obtemos:

Equação 1.6

$$\frac{\partial I}{\partial \mu} = \frac{\partial}{\partial \mu} \int_{x_1}^{x_2} \left(\frac{\partial f}{\partial y} \frac{\partial y}{\partial \mu} + \frac{\partial f}{\partial y'} \frac{\partial y'}{\partial \mu} \right) dx = \int_{x_1}^{x_2} \left(\frac{\partial f}{\partial y} \varphi(x) + \frac{\partial f}{\partial y'} \frac{d\varphi}{dx} \right) dx$$

A Equação 1.6 pode ser simplificada usando-se a integração por partes:

Equação 1.7

$$\int_{x_1}^{x_2} \frac{\partial f}{\partial y'} \frac{d\varphi}{dx} dx = \frac{\partial f}{\partial y'} \varphi(x) \Big|_{x_1}^{x_2} - \int_{x_1}^{x_2} \frac{d}{dx}\left(\frac{\partial f}{\partial y'}\right) \varphi(x) dx$$

Como $\varphi(x)$ se anula nos limites, temos:

Equação 1.8

$$\frac{\partial I}{\partial \mu} = \int_{x_1}^{x_2} \left(\frac{\partial f}{\partial y} - \frac{d}{dx}\frac{\partial f}{\partial y'}\right) \varphi(x) dx$$

Para obtermos um extremo, a Equação 1.8 deve se anular para $\mu = 0$, conforme a Equação 1.4. Portanto, como $\varphi(x)$ é uma função arbitrária, o integrando deve ser nulo:

Equação 1.9

$$\frac{\partial f}{\partial y} - \frac{d}{dx}\frac{\partial f}{\partial y'} = 0$$

Note que, na Equação 1.9, y e y' são independentes de μ, pois se trata das funções originais. Essa equação é conhecida como **equação de Euler** ou **equação de Euler-Lagrange**, quando aplicada a sistemas mecânicos. Essa é a condição necessária para o funcional **I** ter um valor extremo.

Exemplo 1.2

Um dos problemas mais conhecidos do cálculo variacional é o problema da **braquistócrona** (do grego *brákhistos khrónos*, que significa "menor tempo"). Ele consiste em determinar a trajetória de menor tempo conectando-se dois pontos (x_1, y_1) e (x_2, y_2) para uma partícula sob a ação da gravidade.

Vamos aplicar o que vimos sobre o cálculo variacional para resolver esse problema clássico da história da física.

Solução

Tomemos a origem do sistema de referência no ponto inicial (x_1, y_1) e o eixo x alinhado com o campo gravitacional, conforme o Gráfico 1.3, a seguir.

Gráfico 1.3 – Partícula se deslocando em campo gravitacional constante

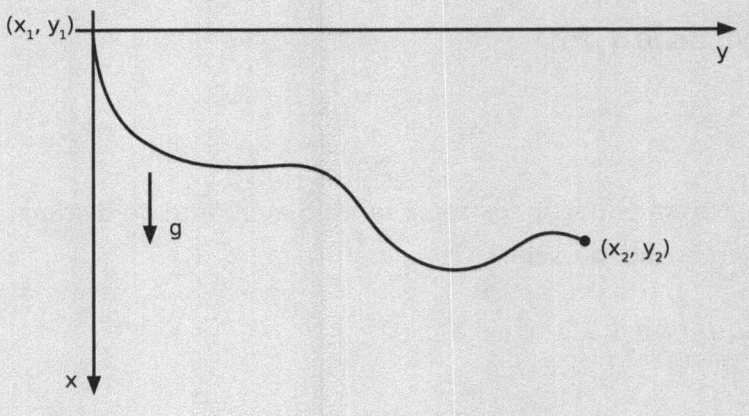

A partícula está em um campo gravitacional uniforme (cuja aceleração é g) e, ignorando-se qualquer força dissipativa, sob a ação de um campo conservativo. A energia mecânica total se conversa, isto é, a soma da energia cinética T e da energia potencial U deve ser constante:

$$T + U = \text{constante}$$

Além disso, supomos (sem perda de generalidade) que o ponto inicial é a origem de nosso sistema (potencial zero) e que a partícula parte do repouso ($v0 = 0$). Assim, $T + U = 0$. A velocidade da partícula, depois de se deslocar uma distância x na vertical a partir da origem, é $v = \sqrt{2gx}$.

Agora que estabelecemos os parâmetros do problema físico, vamos enunciar o problema variacional. Queremos obter o extremo do funcional que representa o tempo necessário para a partícula se deslocar do ponto 1 até o ponto 2, a saber:

Equação 1.10

$$t = \int_{x_1,y_1}^{x_2,y_2} \frac{ds}{v}$$

Nessa equação, *ds* representa o elemento de distância percorrido, ou seja:

Equação 1.11

$$t = \int_{x_1,y_1}^{x_2,y_2} \frac{\sqrt{dx^2 + dy^2}}{\sqrt{2gx}} = \int_0^{x_2} \left(\frac{1 + y'^2}{2gx} \right)^{\frac{1}{2}} dx$$

Em que usamos $\frac{dy}{dx} = y'$.

Aqui, identificamos:

Equação 1.12

$$f = \left(\frac{1+y'^2}{2gx}\right)^{\frac{1}{2}}$$

Vamos, agora, aplicar a equação de Euler a esse caso. A Equação 1.9 tem dois termos, sendo o primeiro nulo, pois $\frac{\partial f}{\partial y} = 0$, já que f não depende de y. Assim, a Equação 1.9 se torna:

$$\frac{d}{dx}\frac{\partial f}{\partial y'} = 0$$

Ou seja:

$$\frac{\partial f}{\partial y'} = \text{constante}$$

Por questão de simplicidade, vamos escrever o termo constante na forma $\frac{1}{(2a)^{\frac{1}{2}}}$, englobando o termo $\frac{1}{(2g)^{\frac{1}{2}}}$, de modo que a derivada $\frac{\partial f}{\partial y'}$ fornece:

Equação 1.13

$$\frac{y'^2}{x(1+y'^2)} = \frac{1}{2a}$$

Ou, alternativamente, podemos escrever a Equação 1.13 da seguinte forma:

Equação 1.14

$$y = \int \frac{x\,dx}{\left(2ax - x^2\right)^{\frac{1}{2}}}$$

Essa equação pode ser simplificada com a mudança de variáveis $x = a(1 - \cos \theta)$ para produzir:

Equação 1.15

$$y = \int a(1 - \cos\theta)\,d\theta$$

Essa equação tem a seguinte solução:

Equação 1.16

$$y = a(\theta - \operatorname{sen} \theta) + \text{constante}$$

Como consideramos o ponto inicial como origem, a constante é zero e temos, então:

Equação 1.17

$$x = a(1 - \cos \theta)$$
$$y = a(\theta - \operatorname{sen} \theta)$$

Podemos notar que essas equações são paramétricas de um cicloide, isto é, uma curva traçada por um ponto em um círculo que rola sem deslizar por uma linha plana, conforme o Gráfico 1.4.

Gráfico 1.4 – Curva cicloide

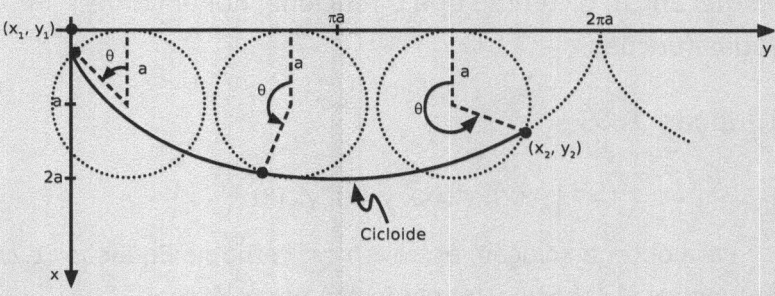

Essa é a trajetória que minimiza o tempo de trânsito da partícula da origem até o ponto (x_2, y_2). Uma observação interessante é que essa trajetória é também uma **isócrona**, isto é, a partícula demora o mesmo intervalo de tempo partindo de qualquer ponto, desde que o ponto final (x_2, y_2) seja o mesmo.

Isso é possível porque a partícula sempre parte do repouso, logo será acelerada a partir da velocidade inicial nula. Então, mesmo em trajetórias mais curtas, o tempo continua sendo o mesmo do de trajetórias mais longas nas quais atingirá maiores velocidades.

1.3 Funcional de várias funções

Nas seções anteriores, desenvolvemos a solução para o problema variacional, que consiste em achar a função $y(x)$ para a qual a integral $I[y(x)]$ tem um valor extremo. Nos casos discutidos, o funcional dependia de uma única função y(x) e de sua derivada. Entretanto, nos problemas de mecânica, é comum que o funcional dependa de várias funções:

Equação 1.18

$$f = f\{y_1(x), y'_1(x), y_2(x), y'_2(x), \cdots, x\}$$

Para obter a solução, escrevemos, como na Equação 1.2, as funções vizinhas a $y_i(x)$ em forma paramétrica:

Equação 1.19

$$y_i(\lambda, x) = y_i(0, x) + \mu\varphi_i(x)$$

Em que:

- $y_i(x)$ = i-ésima função da qual o funcional depende.

Analogamente, obtemos:

Equação 1.20

$$\frac{\partial I}{\partial \mu} = \int_{x_1}^{x_2} \sum_i \left(\frac{\partial f}{\partial y_i} - \frac{d}{dx}\frac{\partial f}{\partial y'_i} \right) \varphi_i(x) dx$$

Cada uma das funções $\varphi_i(x)$ é independente; assim, quando $\mu = 0$, cada uma das equações deve se anular, ou seja:

Equação 1.21

$$\frac{\partial f}{\partial y_i} - \frac{d}{dx}\frac{\partial f}{\partial y'_i} = 0, \quad i = 1, 2, \cdots, n$$

1.4 Reformulação da mecânica clássica

Para qualquer referencial inercial, a descrição do movimento de uma partícula é completamente dada por:

Equação 1.22

$$m\ddot{\mathbf{r}} = \mathbf{F}$$

Nessa equação, cada ponto representa uma derivada temporal e as grandezas em negrito representam vetores.

Gráfico 1.5 –Partícula de massa *m* localizada no ponto pelo veto posição *r* em dado referencial inercial

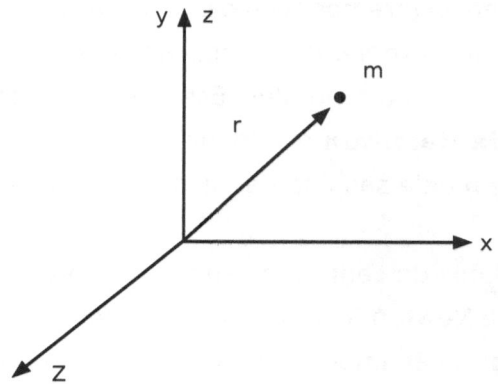

Entretanto, nem sempre a tarefa de se obter a solução por meio dessa equação é tão simples. Se, por exemplo, a partícula estiver se movendo em uma

superfície geométrica não plana (uma superfície esférica ou cilíndrica, por exemplo), deverá haver forças que mantenham a partícula se movendo nessa superfície (que chamaremos de **forças de vínculo**), as quais podem ser bastante complicadas de se descrever. Essas forças devem ser conhecidas, pois o lado direito da Equação 1.22 é a força total que age no corpo cujo movimento estamos querendo descrever, e precisamos conhecê-la para determinarmos a trajetória **r(t)**.

Para contornarmos esse tipo de dificuldade, lançamos mão de um novo método, o que significa dizer que reformularemos as leis da mecânica, desenvolvendo um modo alternativo para encarar problemas complicados. Isso não significa que formularemos novas teorias (sabemos que a teoria de Newton está correta); apenas desenvolveremos técnicas alternativas que permitam tratar problemas complicados demais de maneira sistemática e simples. Esse método é chamado **princípio de Hamilton** e as equações de movimento que decorrem dele são chamadas de **equações de Lagrange**.

As equações de Lagrange são equivalentes às equações de Newton (como veremos) e fornecem uma generalização importante. Além disso, o princípio de Hamilton pode ser aplicado a vários outros fenômenos físicos, principalmente em teorias de campo, proporcionando uma visão unificada de várias teorias da física com base em um único postulado.

1.5 Princípio de Hamilton

No campo científico, considera-se que "a natureza usa sempre o mínimo possível de tudo". Esse enunciado exemplifica a noção que temos de que, em um processo físico, alguma grandeza é sempre mínima. O exemplo mais emblemático dessa definição é **o princípio de Fermat**, segundo o qual a luz sempre viaja de um ponto a outro por um caminho que leva o **menor tempo** possível.

O princípio de Hamilton, descrito pelo matemático e astrônomo escocês Sir William Rowan Hamilton (1805-1865) em 1834, fornece uma reformulação da física clássica e pode ser descrito da seguinte maneira:

> Para um sistema conservativo, a evolução entre os instantes inicial e final é compatível com os vínculos que minimizam a integral no tempo da diferença entre a energia cinética e a energia potencial.

Na notação do cálculo variacional, temos:

Equação 1.23

$$\delta \int_{t_1}^{t_2} (T - U) dt = 0$$

Vale ressaltar que, como vimos anteriormente, o princípio variacional implica que a integral seja um extremo, ou seja, não necessariamente um mínimo.

Entretanto, comumente, a condição de mínimo ocorre na maioria das situações importantes em física.

Definindo:

Equação 1.24

$$\mathcal{L} \equiv T - U = \mathcal{L}(x_i, \dot{x}_i)$$

Nessa equação, supomos que a energia cinética é função apenas de $\dot{x}_i$ (em coordenadas retangulares) e que, para um sistema conservativo, a energia potencial é função somente da posição x_i.

Portanto, podemos reescrever a Equação 1.23 como:

Equação 1.25

$$\delta \int_{t_1}^{t_2} \mathcal{L}(x_i, \dot{x}_i) dt = 0$$

Além disso, identificamos a função $\mathcal{L}(x_i, \dot{x}_i)$ nessa expressão com a função $f = f\{y_i, y'_i ; x\}$ da integral funcional apresentada na Seção 1.1.

O símbolo δ é uma forma abreviada de expressar a variação do funcional discutida na Seção 1.2:

$$\delta I = \frac{\partial I}{\partial \mu} d\mu = \int_{x_1}^{x_2} \left(\frac{\partial f}{\partial y} - \frac{d}{dx} \frac{\partial f}{\partial y'} \right) \frac{\partial y}{\partial \mu} d\mu dx = \int_{x_1}^{x_2} \left(\frac{\partial f}{\partial y} - \frac{d}{dx} \frac{\partial f}{\partial y'} \right) \delta y dx$$

Como δy é uma variação arbitrária, a condição de extremo é simplesmente $\delta I = 0$.

Podemos, então, escrever as equações de Euler--Lagrange de acordo com a Equação 1.21:

Equação 1.26

$$\frac{\partial \mathcal{L}}{\partial x_i} - \frac{d}{dt}\frac{\partial \mathcal{L}}{\partial \dot{x}_i} = 0, i = 1, 2, 3$$

Essas equações são chamadas de **equações de movimento de Lagrange** (ou **equações de Euler-Lagrange**) e a grandeza $\mathcal{L}(x_i, \dot{x}_i)$ é chamada de **função lagrangiana do sistema** (ou, simplesmente, **lagrangiana do sistema**). Para exemplificarmos o método, vamos aplicá-lo a um problema simples de mecânica.

Exemplo 1.3

Consideremos o caso de um oscilador harmônico simples unidimensional (Figura 1.1). O oscilador, formado por uma mola de constante *k* e uma massa *m*, é colocado em movimento em uma superfície horizontal sem atrito, a partir do repouso e da posição inicial x_0.

Figura 1.1 – Oscilador harmônico simples unidimensional

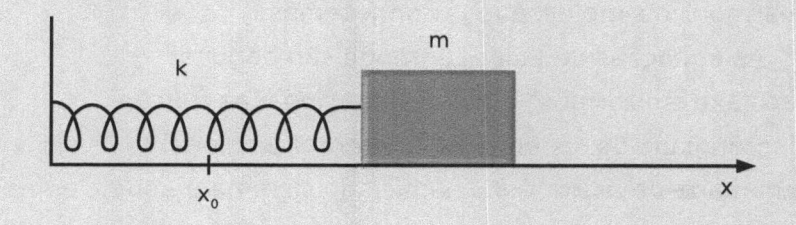

Solução

No oscilador harmônico, o bloco se move sob a ação de uma força elástica dada pela lei de Hooke: $F = -kx$. Obtemos o potencial por meio da seguinte fórmula:

$$U = -W = \int_0^x F\,dx = \frac{1}{2}kx^2$$

A energia cinética é dada por $T = \frac{1}{2}m\dot{x}^2$; logo, a lagrangiana para o oscilador é:

$$\mathcal{L} = T - U = \frac{1}{2}m\dot{x}^2 - \frac{1}{2}kx^2$$

e

$$\frac{\partial \mathcal{L}}{\partial x} = -kx$$

$$\frac{\partial \mathcal{L}}{\partial \dot{x}} = m\dot{x} \Rightarrow \frac{d}{dt}\left(\frac{\partial \mathcal{L}}{\partial \dot{x}_i}\right) = \frac{d}{dt}(m\dot{x}) = m\ddot{x}$$

Pela Equação 1.26, temos:

$$\frac{\partial \mathcal{L}}{\partial x} - \frac{d}{dt}\frac{\partial \mathcal{L}}{\partial \dot{x}} = 0 \Rightarrow \boxed{m\ddot{x} + kx = 0}$$

Essa é a equação de Newton para o oscilador harmônico simples, que já conhecemos.

As equações de Euler-Lagrange são obtidas ao "extremizarmos" a integral funcional da função lagrangiana do sistema. Essa integral funcional é chamada de **ação**, e a dinâmica do sistema é aquela que minimiza o funcional de ação.

Vamos usar esse caso do oscilador harmônico simples para exemplificar. O funcional de ação será, então:

Equação 1.27

$$S[x, \dot{x}] = \int_{t_i}^{t_f} \mathcal{L}(x_i, \dot{x}_i)dt = \int_{t_i}^{t_f}\left\{\frac{1}{2}m\dot{x}(t)^2 - \frac{1}{2}kx(t)^2\right\}dt$$

A solução geral da equação diferencial do oscilador obtida é:

$$x(t) = A\cos\omega t + B\sen\omega t$$

Sejam $x(t_i = 0) = x_0$ e $x\left(t_f = \dfrac{\tau}{4}\right) = 0$; as condições de contorno, então, são:

$$x(0) = A = x_0$$
$$x\left(\frac{\tau}{4}\right) = B = 0$$

A trajetória $x(t)$ que corresponde a essas condições de contorno é, portanto:

$$X(t) = x_0 \cos\omega t$$

Segue que a ação será:

$$S[x_0\cos\omega t] = \frac{1}{2}\int_0^{\frac{\tau}{4}}\left\{m(-\omega x_0 \sen\omega t)^2 - k(x_0\cos\omega t)^2\right\}dt$$

$$S[x_0\cos\omega t] = \frac{1}{2}\int_0^{\frac{\tau}{4}}m\omega^2 x_0^2\left(\sen^2\omega t - \cos^2\omega t\right)dt = 0$$

No entanto, se escolhermos uma trajetória $x(t)$ alternativa (Figura 1.2), teremos:

$$x(t) = x_0\left(1 - \frac{2\omega t}{\pi}\right)$$

Nesse caso, a ação será:

$$S\left[x_0\left(1-\frac{2\omega t}{\pi}\right)\right] = \frac{1}{2}\int_0^{\frac{\tau}{4}}\left\{m\left(-x_0\frac{2\omega}{\pi}\right)^2 - kx_0^2\left(1-\frac{2\omega t}{\pi}\right)^2\right\}dt$$

$$S\left[x_0\left(1-\frac{2\omega t}{\pi}\right)\right] = m\omega x_0^2\left(\frac{1}{\pi}-\frac{\pi}{12}\right) > 0$$

Isso significa que, para essa trajetória alternativa (e para qualquer outra), a ação é maior do que no caso da trajetória que satisfaz às equações de Euler-Lagrange e, portanto, à segunda lei de Newton.

Na Figura 1.2, estão representadas as duas trajetórias alternativas[2] para o oscilador harmônico.

Figura 1.2 – Duas trajetórias alternativas para o oscilador harmônico

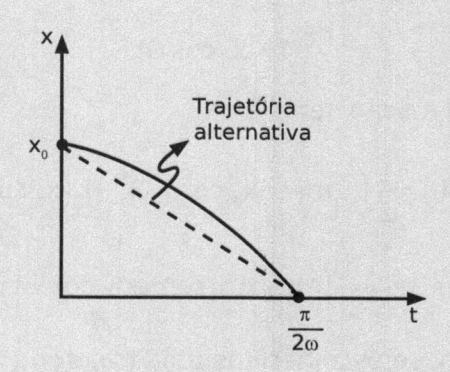

A trajetória dada pela equação de Euler-Lagrange é aquela que minimiza a ação.

---

2   A trajetória seguida pelo sistema é a que tem ação mínima, não necessariamente nula. O fato de a ação ter sido nula, nesse caso, é apenas uma coincidência.

1.6 Coordenadas generalizadas

Em muitos casos, não é conveniente resolver um problema ou mesmo descrever um movimento do sistema em termos de coordenadas cartesianas. Por exemplo, no caso de uma partícula sob a ação de uma força central, é muito mais simples o uso de coordenadas polares, porque a força é expressa de uma forma mais simples nessas coordenadas.

Outro exemplo é um sistema de partículas, em que usamos um conjunto que envolva as coordenadas do centro de massa do sistema, já que este tem o movimento determinado por uma equação mais simples. Poderíamos citar outros exemplos e todos teriam em comum o fato de especificarem a posição de uma partícula da forma mais conveniente porque já respeitam simetrias e vínculos geométricos do sistema. Esses conjuntos de coordenadas (incluindo as coordenadas cartesianas) fazem parte do que chamaremos de **coordenadas generalizadas**.

De modo geral, até agora escrevíamos as equações de Newton em termos das coordenadas cartesianas e, depois, fazíamos a mudança para as coordenadas mais convenientes (um bom exemplo é o caso do pêndulo simples). A mecânica lagrangiana, entretanto, oferece um método uniforme para escrever as equações de movimento (e resolvê-las) já em termos das coordenadas generalizadas do sistema.

Para especificar o estado de um sistema de *n* partículas, são necessários 3*n* coordenadas para descrever a posição de todas elas. Se, no entanto, houver equações de vínculos entre essas coordenadas, isto é, se as partículas fizerem parte de um corpo rígido, ou se o movimento dessas partículas estiver restrito a uma linha ou a uma superfície, então, as 3*n* coordenadas não serão independentes entre si. Se temos *m* equações de vínculo, de fato, teremos 3n − m coordenadas independentes e dizemos que o sistema tem **3n − m graus de liberdade**.

Se precisarmos de s = 3n − m coordenadas, poderemos escolher quaisquer *s* parâmetros independentes que especifiquem o estado do sistema. Esse conjunto de *s* coordenadas generalizadas independentes, cujo número é igual ao número de graus de liberdade do sistema, é chamado de **conjunto próprio de coordenadas generalizadas**[3].

Exemplo 1.4

A Figura 1.3 mostra um pêndulo simples de comprimento *l* com uma massa m que se move no plano *xy*. Determine a lagrangiana $\mathcal{L}$ e a equação de movimento para o pêndulo.

---

[3] Em alguns casos, podemos usar um número de coordenadas generalizadas maior do que o número de graus de liberdade e usar as equações de vínculo explicitamente, lançando mão dos multiplicadores de Lagrange como método de solução, como veremos na Seção 1.8. Esse método será útil sempre que desejarmos calcular as forças de vínculo do sistema.

Solução

Como o pêndulo se move em um plano, temos a energia cinética:

$$T = \frac{1}{2}m\dot{x}^2 + \frac{1}{2}m\dot{y}^2$$

A energia potencial é dada por:

$$U = mgy$$

Assim:

$$\mathcal{L} = T - U = \frac{1}{2}m\dot{x}^2 + \frac{1}{2}m\dot{y}^2 - mgy$$

A força de tensão do pêndulo, que é uma força de vínculo, restringe o movimento da massa *m* a um semicírculo de raio *l*, ou seja, ela só pode ocupar um subconjunto do espaço, cuja condição é dada pela função:

$$x^2 + y^2 - l^2 = 0$$

Figura 1.3 – Pêndulo simples

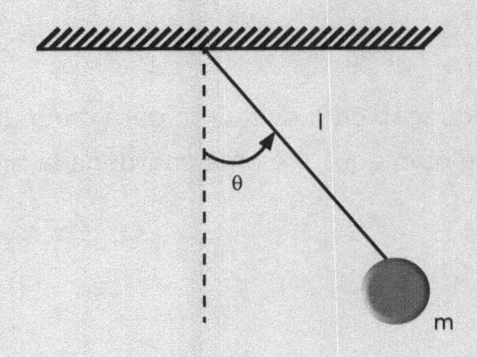

Podemos usar a lagrangiana anterior em coordenadas cartesianas e explicitar a equação do vínculo (ver Seção 1.9) ou, então, utilizar uma coordenada generalizada que, automaticamente, respeita o vínculo.

Vamos fazer isso utilizando θ(t) como coordenada generalizada, por meio das seguintes relações:

$$x(t) = l \operatorname{sen} \theta(t)$$
$$y(t) = l \cos \theta(t)$$

Derivando em relação ao tempo, obtemos as velocidades:

$$\dot{x}(t) = l\dot{\theta} \cos \theta(t)$$
$$\dot{y}(t) = l\dot{\theta} \operatorname{sen} \theta(t)$$

Portanto:

$$\mathcal{L} = \frac{1}{2} m l^2 \dot{\theta}^2 \left(\operatorname{sen}^2 \theta + \cos^2 \theta \right) + mgl \cos \theta(t) = \frac{1}{2} m l^2 \dot{\theta}^2 + mgl \cos \theta(t)$$

A equação de movimento é a seguinte:

$$\frac{\partial \mathcal{L}}{\partial \theta} = -mgl \operatorname{sen} \theta, \quad \frac{\partial \mathcal{L}}{\partial \dot{\theta}} = ml^2 \dot{\theta} \Rightarrow \frac{d}{dt}\left(\frac{\partial \mathcal{L}}{\partial \dot{\theta}}\right) = \frac{d}{dt}\left(ml^2 \dot{\theta}\right) = ml^2 \ddot{\theta}$$

Pela Equação 1.26, temos:

$$\frac{\partial \mathcal{L}}{\partial \theta} - \frac{d}{dt} \frac{\partial \mathcal{L}}{\partial \dot{\theta}} = 0 \quad \Rightarrow \quad \ddot{\theta} + \frac{g}{l} \operatorname{sen} \theta = 0$$

Essa é a equação de movimento para o pêndulo simples. Note que, aqui, θ é uma coordenada própria do sistema.

1.7 Equações de Lagrange em coordenadas generalizadas

Vamos representar as coordenadas generalizadas por $q_1, q_2, ...$, ou, de forma mais simples, por q_j.

A função lagrangiana é uma função escalar, visto que é definida como a diferença entre as energias cinética e potencial; portanto, ela deve ser invariante em relação a uma transformação de coordenadas. Além disso, podemos usar diferentes coordenadas generalizadas, ou seja:

Equação 1.28

$$\mathcal{L} = T(\dot{x}_i) - U(x_i)$$

$$\mathcal{L} = T(q_j, \dot{q}_j, t) - U(q_j, t)$$

Então:

Equação 1.29

$$\mathcal{L} = \mathcal{L}(q_j, \dot{q}_j, t)$$

O princípio de Hamilton se escreve como:

Equação 1.30

$$\delta \int_{t_1}^{t_2} \mathcal{L}(q_j, \dot{q}_j, t) dt = 0$$

As equações de Euler-Lagrange ficam assim:

Equação 1.31

$$\frac{\partial \mathcal{L}}{\partial q_j} - \frac{d}{dt}\frac{\partial \mathcal{L}}{\partial \dot{q}_j} = 0, \quad i = 1, 2, \cdots, s$$

Essas equações descrevem completamente o movimento do sistema e são válidas para o caso em que a força **F** que age no sistema (excetuando-se as forças de vínculo) é conservativa, isto é, existe um potencial escalar U(r) tal que **F** é igual a menos o gradiente de U:

Equação 1.32

$$\mathbf{F} = -\nabla U(r)$$

Essa não é uma restrição necessária ao princípio de Hamilton ou às equações de Lagrange, uma vez que a teoria pode ser estendida para incluir forças não conservativas. Entretanto, aqui trataremos apenas de sistemas sob a ação de forças conservativas.

1.7.1 Vínculos holonômicos e não holonômicos

Além da condição dada pela Equação 1.32, outra que deve ser satisfeita é o fato de que as **equações de vínculo** devem relacionar as coordenadas da partícula e podem ser funções do tempo:

Equação 1.33

$$g_k(q_i, t) = 0, \quad k = 1, 2, \cdots, m$$

Ou seja, temos *k* equações independentes de vínculo. Quando o vínculo é da forma mostrada na Equação 1.33, dizemos que o vínculo é **holonômico**. Por exemplo, se houver duas partículas que se movem no plano *xy* conectadas por uma haste rígida de comprimento *d*, teremos quatro coordenadas (x_1, y_1) e (x_2, y_2) e a seguinte equação de vínculo:

Equação 1.34

$$g(x_1, y_1, x_2, y_2) = (x_2 - x_1)^2 + (y_2 - y_1)^2 - d^2 = 0$$

Temos, então, quatro coordenadas e a equação de vínculo, ou seja, o sistema tem três graus de liberdade. É possível, apesar de nem sempre útil, eliminar uma das variáveis da equação de movimento, porém é mais conveniente determinar um conjunto de coordenadas generalizadas.

Importante!

O número de graus de liberdade é igual ao número de coordenadas generalizadas quando o sistema é holonômico. Assim, no exemplo anterior, há três graus de liberdade, que podem ser as coordenadas (x, y) do centro da haste e o ângulo, entre a haste o eixo *x*.

Figura 1.4 – Duas partículas conectadas por uma haste rígida

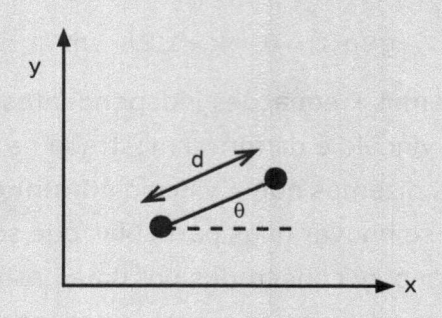

Nos casos em que a função de vínculo não depende do tempo explicitamente, como no exemplo da haste rígida da Figura 1.4, dizemos que os vínculos são **escleronômicos**.

Quando o comprimento d é dado como uma função explícita do tempo, o vínculo é classificado como **reonômico**.

Quando as equações de vínculo podem ser expressas pela Equação 1.35, em que os coeficientes a são, geralmente, funções de q_i e de t, classificamos esses vínculos como **não holonômicos**:

Equação 1.35

$$\sum_{i=1}^{n} a_{ki} dq_i + a_{kt} dt = 0, \quad k = 1, 2, \cdots, m$$

A Equação 1.35 é uma expressão diferencial não integrável, ou seja, com base nela não conseguimos obter uma função da forma dada pela Equação 1.33 para eliminar uma das variáveis do problema. Assim, em sistemas não holonômicos, sempre teremos mais coordenadas do que graus de liberdade.

Por exemplo, se tivermos um vínculo na seguinte forma:

Equação 1.36

$$\cos\theta\, dx + \sin\theta\, dy = 0$$

Nesse caso, não existirá uma função $g(x, y, \theta) = 0$, de modo que:

Equação 1.37

$$dg = \frac{\partial g}{\partial x} dx + \frac{\partial g}{\partial y} dy + \frac{\partial g}{\partial \theta} d\theta = 0$$

Isso se deve ao fato de que a Equação 1.36 não é uma diferencial exata, portanto é não integrável.

Vamos trabalhar, agora, as técnicas anteriores em alguns exemplos, considerando o resumo do método desenvolvido até aqui. Os passos para descrever um problema mecânico com o método lagrangiano são os seguintes:

1. Estabeleça um sistema de eixos cartesianos inercial.
2. Escolha coordenadas próprias que, automaticamente, respeitem os vínculos.
3. Escreva as coordenadas cartesianas em termos das coordenadas próprias escolhidas.

4. Indique a velocidade em termos das coordenadas próprias escolhidas (diferenciando as expressões do item 3).

5. Considere $T = \frac{1}{2}m(\dot{x}^2 + \dot{y}^2 + \dot{z}^2)$ e $U(x, y, z)$ em termos das coordenadas generalizadas.

6. Obtenha as equações de Euler-Lagrange:
$$\frac{\partial \mathcal{L}}{\partial q_j} - \frac{d}{dt}\frac{\partial \mathcal{L}}{\partial \dot{q}_j} = 0$$

Exemplo 1.5

Uma partícula desliza sobre um hemisfério liso, sem atrito, de raio R, conforme mostra a Figura 1.5. Determine as equações de movimento para a partícula.

Figura 1.5 – Partícula sobre um hemisfério

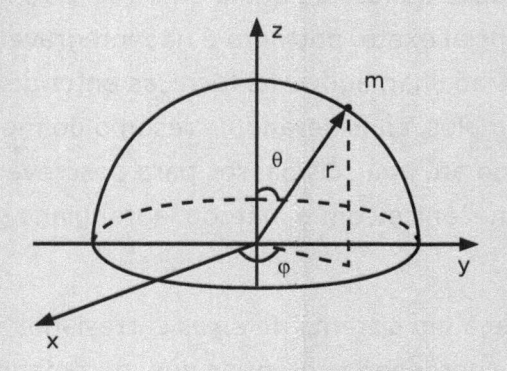

Solução
O vínculo imposto pela força normal é:
$$x^2 + y^2 + z^2 = R^2$$

As coordenadas generalizadas podem ser os ângulos esféricos (latitude e longitude), e as coordenadas cartesianas se escrevem em termos dessas coordenadas próprias:

$$\begin{cases} x = R\,\text{sen}\,\theta\cos\varphi \\ y = R\,\text{sen}\,\theta\,\text{sen}\,\varphi \\ z = R\cos\theta \end{cases}$$

As velocidades generalizadas são:

$$\begin{cases} \dot{x} = R\dot{\theta}\cos\theta\cos\varphi - R\dot{\varphi}\,\text{sen}\,\theta\,\text{sen}\,\varphi \\ \dot{y} = R\dot{\theta}\cos\theta\,\text{sen}\,\varphi + R\dot{\varphi}\,\text{sen}\,\theta\cos\varphi \\ \dot{z} = -R\dot{\theta}\,\text{sen}\,\theta \end{cases}$$

As energias cinética e potencial ficam:

$$T = \frac{1}{2}m(\dot{x}^2 + \dot{y}^2 + \dot{z}^2) = \frac{1}{2}mR^2(\dot{\theta}^2 + \dot{\varphi}^2\,\text{sen}^2\theta)$$

$$U = mgz = mgR\cos\theta$$

Podemos escrever a lagrangiana da partícula da seguinte forma:

$$\mathcal{L} = \frac{1}{2}mR^2(\dot{\theta}^2 + \dot{\varphi}^2\,\text{sen}^2\theta) - mgR\cos\theta$$

As equações de Euler são:

$$\frac{\partial \mathcal{L}}{\partial \theta} - \frac{d}{dt}\frac{\partial \mathcal{L}}{\partial \dot{\theta}} = 0 \quad \text{e} \quad \frac{\partial \mathcal{L}}{\partial \varphi} - \frac{d}{dt}\frac{\partial \mathcal{L}}{\partial \dot{\varphi}} = 0$$

Ambas fornecem os seguintes resultados, que são as equações de movimento da partícula:

$$\ddot{\theta} = \dot{\varphi}^2\,\text{sen}\,\theta\cos\theta - \frac{g}{R}\,\text{sen}\,\theta$$

$$mR^2\dot{\varphi}\,\text{sen}^2\theta = \text{constante}$$

Exemplo 1.6

Um pêndulo simples oscila preso ao teto de um vagão de trem com aceleração *a* constante na direção *x* a partir do repouso. Encontre a equação de movimento do pêndulo e determine o ângulo de equilíbrio do sistema.

Solução

Fixamos um referencial conforme mostra a Figura 1.6.

Figura 1.6 – Pêndulo em um vagão acelerado

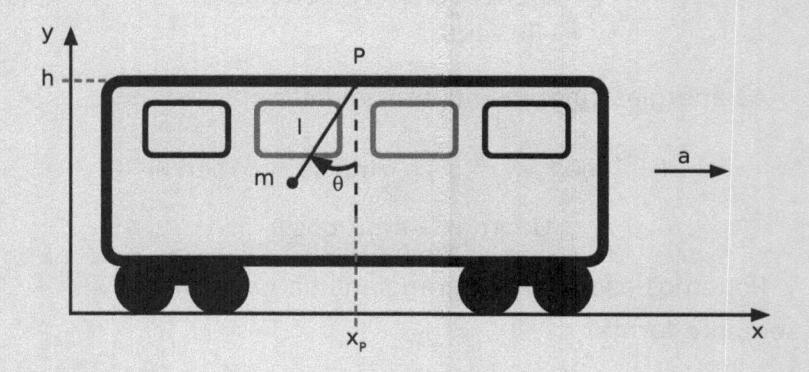

Nesse referencial, considerand-se $x_p = 0$ em $t = 0$, a trajetória do ponto P fixado ao trem é dada por:

$$x_p = \frac{1}{2}at^2$$
$$y_p = h$$

As coordenadas generalizadas que localizam a massa pendular *m* são:

$$\begin{cases} x = \frac{1}{2}at^2 + l\,\text{sen}\,\theta \\ y = h - l\cos\theta \end{cases}$$

Portanto, as velocidades generalizadas ficam:

$$\begin{cases} \dot{x} = at + l\dot{\theta}\cos\theta \\ \dot{y} = l\dot{\theta}\sen\theta \end{cases}$$

As energias cinética e potencial são:

$$T = \frac{1}{2}m(\dot{x}^2 + \dot{y}^2) = \frac{1}{2}m(a^2 t^2 + l^2\dot{\theta}^2 + 2atl\dot{\theta}\cos\theta)$$

$$U = mgy = mg(h - l\cos\theta)$$

Isso produz a seguinte lagrangiana:

$$\mathcal{L} = \frac{1}{2}m\left(a^2 t^2 + l^2\dot{\theta}^2 + 2atl\dot{\theta}\cos\theta\right) + mg\left(h - l\cos\theta\right)$$

A equação de movimento segue de:

$$\frac{\partial \mathcal{L}}{\partial \theta} = -matl\dot{\theta}\sen\theta - mgl\sen\theta$$

E de:

$$\frac{\partial \mathcal{L}}{\partial \dot{\theta}} = ml^2\dot{\theta} + matl\cos\theta \Rightarrow \frac{d}{dt}\left(\frac{\partial \mathcal{L}}{\partial \dot{\theta}}\right) = ml^2\ddot{\theta} + mal\cos\theta - matl\dot{\theta}\sen\theta$$

Isso resulta em:

$$\ddot{\theta} + \frac{g}{l}\sen\theta + \frac{a}{l}\cos\theta = 0$$

No limite $a = 0$, a expressão se reduz à equação conhecida do pêndulo. O ângulo de equilíbrio $\theta = \theta_e$ é determinado fazendo-se $\ddot{\theta} = 0$:

$$g\sen\theta_e + a\cos\theta_e = 0$$

Assim:

$$\tan\theta_e = -\frac{a}{g}$$

Perceba que o ângulo é negativo e aumenta com a aceleração do trem.

Exemplo 1.7

Considere uma máquina de Atwood dupla, como ilustra a Figura 1.7, em que as cordas e as polias são ideais. Determine as equações de movimento para esse sistema.

Figura 1.7 – Máquina de Atwood dupla

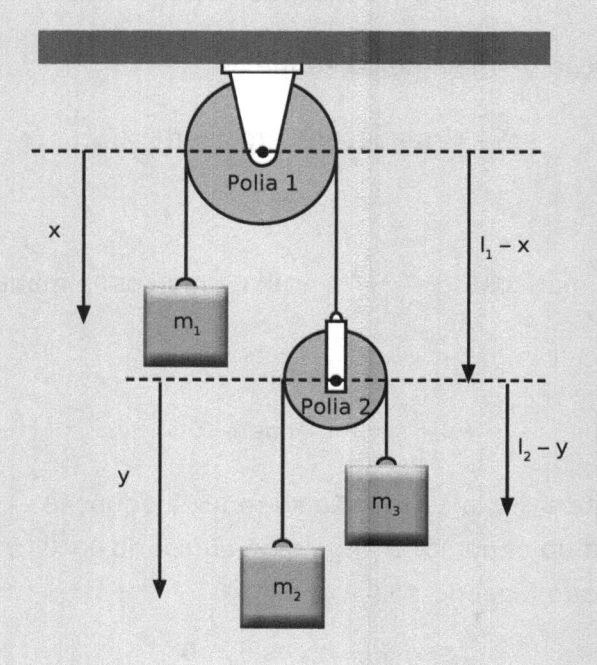

Solução

As cordas têm tamanhos l_1 e l_2. A posição da massa m_1 é dada pela coordenada x, e a da massa m_2, pela coordenada y, sendo ambas medidas em relação ao centro das polias 1 e 2, respectivamente. A coordenada da massa 3 não é independente, conforme vemos na imagem. Assim, x e y são as coordenadas generalizadas do problema. Portanto:

$$\begin{cases} v_1 = \dot{x} \\ v_2 = \dfrac{d}{dt}\left(l_1 - x + y\right) = -\dot{x} + \dot{y} \\ v_3 = \dfrac{d}{dt}\left(l_1 - x + l_2 - y\right) = -\dot{x} - \dot{y} \end{cases}$$

As energias cinética e potencial são:

$$T = \frac{1}{2}m_1 \dot{x}^2 + \frac{1}{2}m_2(-\dot{x}+\dot{y})^2 + \frac{1}{2}m_3\left(-\dot{x}-\dot{y}\right)^2$$

$$U = -m_1 gx - m_2 g(l_1 - x + y) - m_3 g(l_1 - x + l_2 - y)$$

Isso nos dá a seguinte lagrangiana:

$$\mathcal{L} = \frac{1}{2}M\dot{x}^2 + \frac{1}{2}(m_2 + m_3)\dot{y}^2 + (m_3 - m_2)\dot{x}\dot{y} + (m_1 - m_2 - m_3)gx +$$

$$+ (m_2 - m_3)gy + \text{cte}$$

Nessa lagrangiana, $M = m_1 + m_2 + m_3$ é a massa total do sistema, e a constante aditiva não foi explicitada[4]:

---

[4] As constantes aditivas se devem apenas ao referencial da energia potencial, cuja escolha não pode interferir no resultado, que são as equações de movimento. Isso fica claro porque, ao derivarmos a lagrangiana para obter as equações de Euler-Lagrange, as constantes aditivas da função se anulam.

$$\frac{\partial \mathcal{L}}{\partial \dot{x}} = M\dot{x} + (m_3 - m_2)\dot{y} \Rightarrow \frac{d}{dt}\left(\frac{\partial \mathcal{L}}{\partial \dot{x}}\right) = M\ddot{x} + (m_3 - m_2)\ddot{y}$$

$$\frac{\partial \mathcal{L}}{\partial x} = (m_1 - m_2 - m_3)g$$

Isso nos fornece:

$$m_1\ddot{x} + m_2(\ddot{x} - \ddot{y}) + m_3(\ddot{x} + \ddot{y}) = (m_1 - m_2 - m_3)g$$

E ainda:

$$\frac{\partial \mathcal{L}}{\partial \dot{y}} = (m_2 + m_3)\dot{y} + (m_3 - m_2)\dot{x} \Rightarrow \frac{d}{dt}\left(\frac{\partial \mathcal{L}}{\partial \dot{\theta}}\right) = (m_2 + m_3)\ddot{y} + (m_3 - m_2)\ddot{x}$$

$$\frac{\partial \mathcal{L}}{\partial y} = (m_2 - m_3)g$$

Isso produz a seguinte equação:

$$-m_2(\ddot{x} - \ddot{y}) + m_3(\ddot{x} + \ddot{y}) = (m_2 - m_3)g$$

As duas equações de movimento formam um sistema de equações diferenciais acopladas e podem ser resolvidas para $\ddot{x}$ e $\ddot{y}$.

Exemplo 1.8

Um pêndulo simples de massa *m* tem como suporte uma massa M que pode mover-se livremente sobre uma superfície horizontal sem atrito, enquanto o pêndulo oscila no plano vertical, como mostra a Figura 1.8. Escreva a lagrangiana desse sistema e deduza a equação de movimento.

Figura 1.8 – Pêndulo simples de massa m

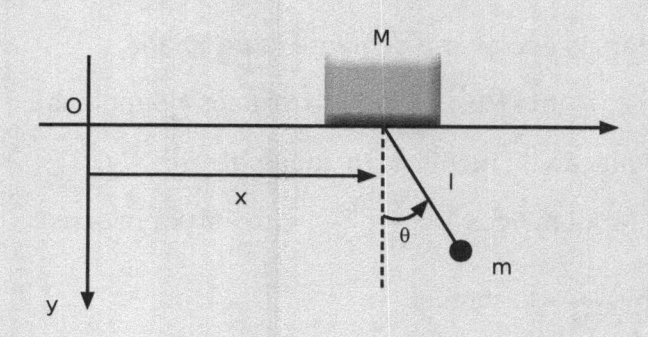

Solução

Na Figura 1.8, localizamos a massa M pela coordenada x medida em relação ao referencial fixado. Essa massa só se move na horizontal. A massa do pêndulo é localizada, em coordenadas cartesianas, por:

$$X = x + l\,\text{sen}\,\theta$$
$$Y = l\cos\theta$$

Essas são, junto com a coordenada x da massa M, as coordenadas generalizadas que localizam as massas do sistema.

Portanto, as velocidades generalizadas da massa pendular são:

$$\begin{cases} \dot{X} = \dot{x} + l\dot{\theta}\cos\theta \\ \dot{Y} = -l\dot{\theta}\,\text{sen}\,\theta \end{cases}$$

Essas velocidades produzem as energias cinética e potencial:

$$T = \frac{1}{2}M\dot{x}^2 + \frac{1}{2}m\left(\dot{X}^2 + \dot{Y}^2\right) = \frac{1}{2}M\dot{x}^2 + \frac{1}{2}m\left(\dot{x}^2 + l^2\dot{\theta}^2 + 2l\dot{x}\dot{\theta}\cos\theta\right)$$

$$U = mgY = mgl\cos\theta$$

Podemos escrever a seguinte lagrangiana:

$$\mathcal{L} = \frac{1}{2}(m+M)\dot{x}^2 + \frac{1}{2}m\left(l^2\dot{\theta}^2 + 2l\dot{x}\dot{\theta}\cos\theta\right) - mgl\cos\theta$$

A equação de movimento segue de:

$$\frac{\partial \mathcal{L}}{\partial \dot{x}} = (m+M)\dot{x} + ml\dot{\theta}\cos\theta \Rightarrow \frac{d}{dt}\left(\frac{\partial \mathcal{L}}{\partial \dot{x}}\right) = (m+M)\ddot{x} + ml\ddot{\theta}\cos\theta - ml\dot{\theta}^2\sin\theta$$

Como $\frac{\partial \mathcal{L}}{\partial x} = 0$, temos:

$$(m+M)\ddot{x} + ml\ddot{\theta}\cos\theta - ml\dot{\theta}^2\sin\theta = 0$$

E ainda:

$$\frac{\partial \mathcal{L}}{\partial \dot{\theta}} = ml^2\dot{\theta} + ml\dot{x}\cos\theta \Rightarrow \frac{d}{dt}\left(\frac{\partial \mathcal{L}}{\partial \dot{\theta}}\right) = ml^2\ddot{\theta} + ml\ddot{x}\cos\theta - ml\dot{x}\dot{\theta}\sin\theta$$

$$\frac{\partial \mathcal{L}}{\partial \theta} = -ml\dot{x}\dot{\theta}\sin\theta + mgl\sin\theta$$

Com isso, obtemos:

$$\ddot{\theta} + \frac{g}{l}\sin\theta + \frac{\ddot{x}}{l}\cos\theta = 0$$

As duas equações de movimento formam um sistema de equações diferenciais acopladas. Em vez de resolvê-las, vamos analisar dois casos limites.

Caso 1

Se $m = 0$, então a primeira equação de movimento, dada por:

$$(m+M)\ddot{x} + ml\ddot{\theta}\cos\theta - ml\dot{\theta}^2\sin\theta = 0$$

Torna-se:

$$M\ddot{x} = 0$$

Isso significa que $x = 0$ e a massa M se move livremente, isto é, em movimento retilíneo uniforme (MRU).

Caso 2

Se $M \to \infty$, na primeira equação de movimento (com M em evidência), temos:

$$M\left[\left(\frac{m}{M}+1\right)\ddot{x}+\frac{m}{M}l\ddot{\theta}\cos\theta-\frac{m}{M}l\dot{\theta}^2\sen\theta\right]=0$$

Isso resulta em:

$$\ddot{x}=0$$

Substituindo essa valor na segunda equação, obtemos:

$$\ddot{\theta}+\frac{g}{l}\sen\theta=0$$

Essa é a equação de um pêndulo simples com ponto de suspensão fixo.

1.8 Equações de Euler com vínculos

Um exemplo útil de aplicação do cálculo variacional consiste nos sistemas mecânicos sujeitos a vínculos. Por exemplo, um corpo rígido é um sistema de partículas sujeitas a vínculos; uma partícula que se move sobre uma superfície também está sujeita a vínculos. Nesses casos, o movimento deve satisfazer a condições impostas como restrições às coordenadas das partículas, ou seja, além de satisfazer à Equação 1.31, a solução também deve satisfazer à equação de vínculo $g\{q_i; t\} = 0$.

Podemos dizer que, nesses casos, estamos interessados em um subconjunto do domínio que torna o funcional um extremo. Devemos usar, explicitamente, a equação (ou as equações) auxiliar(es) que chamaremos de **equação** (ou **equações**) **de vínculo(s)**.

Consideremos um caso com um funcional de duas funções:

Equação 1.38

$$\mathcal{L} = \mathcal{L}\{q_i, \dot{q}_i; t\} = \mathcal{L}\{q_1, \dot{q}_1, q_2, \dot{q}_2; t\}$$

A Equação 1.20 fornece:

Equação 1.39

$$\frac{\partial S}{\partial \mu} = \int_{t_1}^{t_2} \left[\left(\frac{\partial \mathcal{L}}{\partial q} - \frac{d}{dt}\frac{\partial \mathcal{L}}{\partial \dot{q}_1} \right) \frac{\partial q_1}{\partial \mu} + \left(\frac{\partial \mathcal{L}}{\partial q_2} - \frac{d}{dt}\frac{\partial \mathcal{L}}{\partial \dot{q}_1} \right) \frac{\partial \dot{q}_2}{\partial \mu} \right] dt$$

Com a equação de vínculo na seguinte forma:

Equação 1.40

$$g\{q_i; t\} = g\{q_1, q_2; t\} = 0$$

Portanto, temos:

Equação 1.41

$$dg = \left(\frac{\partial g}{\partial q_1}\frac{\partial q_1}{\partial \mu} + \frac{\partial g}{\partial q_2}\frac{\partial q_2}{\partial \mu} \right) d\mu = 0$$

As trajetórias variadas são:

Equação 1.42

$$q_1(\mu, t) = q_1(t) + \mu\varphi_1(t)$$
$$q_2(\mu, t) = q_2(t) + \mu\varphi_2(t)$$

Portanto, a Equação 1.41 produz:

Equação 1.43

$$\frac{\partial g}{\partial q_1}\varphi_1 = -\frac{\partial g}{\partial q_2}\varphi_2$$

Podemos reescrever a Equação 1.23 como:

Equação 1.44

$$\frac{\partial S}{\partial \mu} = \int_{t_1}^{t_2} \left[\left(\frac{\partial \mathcal{L}}{\partial q_1} - \frac{d}{dt}\frac{\partial \mathcal{L}}{\partial \dot{q}_1} \right) + \left(\frac{\partial \mathcal{L}}{\partial q_2} - \frac{d}{dt}\frac{\partial \mathcal{L}}{\partial \dot{q}_2} \right) \frac{\frac{\partial g}{\partial q_1}}{\frac{\partial g}{\partial q_2}} \right] \varphi_1 dt$$

Nessa equação, o termo entre colchetes deve se anular para satisfazer à condição de extremo, isto é:

Equação 1.45

$$\left(\frac{\partial \mathcal{L}}{\partial q_1} - \frac{d}{dt}\frac{\partial \mathcal{L}}{\partial \dot{q}_1} \right) \left(\frac{\partial g}{\partial q_1} \right)^{-1} = \left(\frac{\partial \mathcal{L}}{\partial q_2} - \frac{d}{dt}\frac{\partial \mathcal{L}}{\partial \dot{q}_2} \right) \left(\frac{\partial g}{\partial q_2} \right)^{-1}$$

O lado esquerdo dessa equação é uma função de $\mathcal{L}$, g, q_1 e t, e o lado direito é uma função de $\mathcal{L}$, g, q_2 e t. Portanto, ambos os lados devem ser uma função que não pode depender de q_1 e q_2 e, como estas são funções de t, a Equação 1.44 pode ser, no máximo, uma função de t.

Vamos escolher, por conveniência, uma função na forma $-\lambda(t)$. Obtemos, então:

Equação 1.46

$$\frac{\partial \mathcal{L}}{\partial q_1} - \frac{d}{dt}\frac{\partial \mathcal{L}}{\partial \dot{q}_1} + \lambda(t)\frac{\partial g}{\partial q_1} = 0$$

$$\frac{\partial \mathcal{L}}{\partial q_2} - \frac{d}{dx}\frac{\partial \mathcal{L}}{\partial \dot{q}_2} + \lambda(t)\frac{\partial g}{\partial q_2} = 0$$

Essa função auxiliar $\lambda(t)$ é chamada de **multiplicador indeterminado de Lagrange**.
As expressões da Equação 1.46 também mostram que podemos considerar uma ação na seguinte forma:

Equação 1.47

$$S = \int_{t_1}^{t_2}\left[\mathcal{L}\{q_1, \dot{q}_1, q_2, \dot{q}_2; t\} + \lambda g\{q_1, q_2; t\}\right]dt$$

Isso se deve ao fato de que a seguinte expressão produz o mesmo resultado:

Equação 1.48

$$\delta S = \int_{t_1}^{t_2}\left[\sum_i \frac{\partial \mathcal{L}}{\partial q_i} - \frac{d}{dt}\frac{\partial \mathcal{L}}{\partial \dot{q}_i} + \lambda \frac{\partial g}{\partial q_i}\right]\varphi_i dt$$

Observe que, usando as relações da Equação 1.46 e expressão do vínculo da Equação 1.40, podemos encontrar as funções $q_1(t)$, $q_2(t)$ e $\lambda(t)$ e, portanto, obter a solução completa, já que o número de relações (duas equações de movimento e uma de vínculo) é suficiente para formar um sistema determinado.

A generalização para o caso de diversas variáveis e condições auxiliares é direta:

Equação 1.49

$$\frac{\partial \mathcal{L}}{\partial q_i} - \frac{d}{dt}\frac{\partial \mathcal{L}}{\partial \dot{q}_i} + \sum_j \lambda_j(t)\frac{\partial g_j}{\partial q_i} = 0$$

$$g_j\{q_i; t\} = 0$$

Se $i = 1, 2, \ldots, m$ e $j = 1, 2, \ldots, n$, a Equação 1.49 representa m equações com $m + n$ incógnitas. Entretanto, temos mais as n equações de vínculo, formando um sistema de $m + n$ equações com $m + n$ incógnitas e, portanto, um sistema determinado.

Exemplo 1.9

Consideremos um cilindro uniforme rolando sem deslizar em um plano inclinado, como mostra a Figura 1.9. Vamos determinar a função de vínculo em termos de y e θ.

Figura 1.9 – Cilindro descendo um plano inclinado

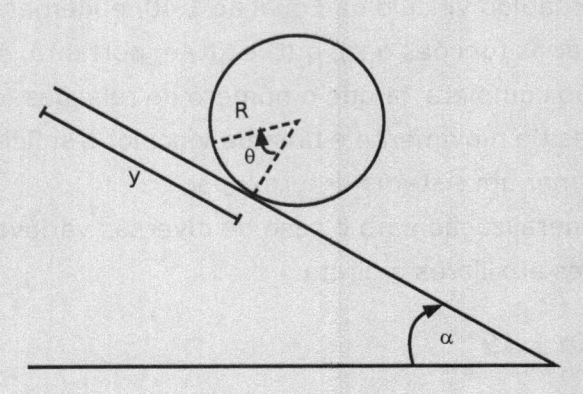

Solução

Na Figura 1.9, a condição de rolamento sem deslizamento é dada por:

$$y = R\theta$$

Essa expressão relaciona as coordenadas y do centro de massa do cilindro em relação ao topo do plano e a coordenada θ do ponto de referência na borda do cilindro. Isso quer dizer que as coordenadas não são independentes entre si e definem o vínculo do sistema:

$$g(y, \theta) = y - R\theta = 0$$

A energia cinética tem duas contribuições: (1) a translação do centro de massa e (2) a rotação em torno do centro de massa, já que se trata de um corpo rígido:

$$T = \frac{1}{2}m\dot{y}^2 + \frac{1}{2}I\dot{\theta}^2$$
$$U = mg(s - y)\operatorname{sen}\alpha$$

Nessas igualdades, assumimos o plano inclinado com extensão s e o potencial nulo em seu ponto mais baixo. Assim, a lagrangiana é:

$$\mathcal{L} = \frac{1}{2}m\dot{y}^2 + \frac{1}{4}mR^2\dot{\theta}^2 - mg(s-y)\operatorname{sen}\alpha$$

Nessa expressão, usamos o momento de inércia de um disco uniforme girando sobre seu eixo $I = \frac{1}{2}mR^2$.
As expressões da Equação 1.49 se escrevem como:

$$\frac{\partial \mathcal{L}}{\partial y} - \frac{d}{dt}\frac{\partial \mathcal{L}}{\partial \dot{y}} + \lambda \frac{\partial g(y,\theta)}{\partial y} = 0 \quad \Rightarrow mg\operatorname{sen}\alpha - m\ddot{y} + \lambda = 0$$

$$\frac{\partial \mathcal{L}}{\partial \theta} - \frac{d}{dt}\frac{\partial \mathcal{L}}{\partial \dot{\theta}} + \lambda \frac{\partial g(y,\theta)}{\partial \theta} = 0 \quad \Rightarrow 0 - \frac{1}{2}mR^2\ddot{\theta} - \lambda R = 0$$

Essas igualdades resultam em:

$$g\operatorname{sen}\alpha - \ddot{y} + -\frac{1}{2}R\ddot{\theta} = 0 \Rightarrow \ddot{y} = \frac{2g\operatorname{sen}\alpha}{3}, \quad \ddot{\theta} = \frac{2g\operatorname{sen}\alpha}{3R}$$

E:

$$\lambda = -\frac{mg\operatorname{sen}\alpha}{3}$$

Podemos interpretar os termos associados ao vínculo a seguir como a força de atrito e o torque, respectivamente, agindo sobre o cilindro:

$$\lambda \frac{\partial g}{\partial y} = -\frac{mg\operatorname{sen}\alpha}{3} \quad \text{e} \quad \lambda \frac{\partial g}{\partial \theta} = -\frac{mg\operatorname{sen}\alpha}{3R}$$

De forma geral, as seguintes relações são chamadas de **forças generalizadas de vínculo**:

Equação 1.50

$$Q_y = \lambda \frac{\partial g}{\partial y}$$

$$Q_\theta = \lambda \frac{\partial g}{\partial \theta}$$

Para saber mais

LANCZOS, C. **The Variational Principles of Mechanics**. 4. ed. New York: Dover Publications, 1986.
Nessa obra, Cornelius Lanczos discute os fundamentos da mecânica analítica com rigor matemático e de forma muito didática, sem deixar de mencionar o enorme tesouro de significado filosófico por trás das grandes teorias de Euler, Lagrange, Hamilton, Jacobi e outros pensadores matemáticos. Trata-se de uma obra-prima da literatura na área.

Síntese

Neste capítulo, abordamos os seguintes temas:

- **Equação de Euler-Lagrange**

    Uma integral da forma:

    $$I\left[y(x)\right] = \int_{x_1}^{x_2} f\left\{y(x), y'(x), x\right\} dx$$

Ao longo do caminho y(x), será estacionária com respeito à variação de caminho se e somente se y(x) satisfizer à equação de Euler-Lagrange:

$$\frac{\partial f}{\partial y} - \frac{d}{dx}\frac{\partial f}{\partial y'} = 0$$

- **Funcional de várias funções**

Se o funcional depender de *n* funções, isto é, existirem *n* variáveis dependentes:

$$f = f\{y_1(x), y'_1(x), y_2(x), y'_2(x), \ldots, y_n(x), y'_n(x), x\}$$

Teremos *n* equações de Euler-Lagrange:

$$\frac{\partial f}{\partial y_i} - \frac{d}{dx}\frac{\partial f}{\partial y'_i} = 0, \quad i = 1, 2, \ldots, n$$

- **Princípio de Hamilton**

Para um sistema conservativo, a evolução do sistema entre os instantes inicial e final é compatível com os vínculos e minimiza a integral no tempo da diferença entre as energias cinética e potencial.

Matematicamente, temos:

$$\delta \int_{t_1}^{t_2} \mathcal{L}(x_i, \dot{x}_i) dt = 0$$

Nessa equação, definimos a lagrangiana para um sistema conservativo:

$$\mathcal{L} \equiv T - U = \mathcal{L}(x_i, \dot{x}_i)$$

As equações de Euler-Lagrange são:

$$\frac{\partial \mathcal{L}}{\partial x_i} - \frac{d}{dt}\frac{\partial \mathcal{L}}{\partial \dot{x}_i} = 0, \quad i = 1, 2, 3$$

Essas equações são chamadas *equações de movimento de Lagrange* (ou *equações de Euler-Lagrange*) e a grandeza $\mathcal{L}(x_i, \dot{x}_i)$ é chamada de *função lagrangiana do sistema* (ou, simplesmente, *lagrangiana do sistema*).

- **Coordenadas generalizadas**

Para um sistema de *n* partículas, são necessários 3n parâmetros para descrever suas posições (em três dimensões). Os *s* parâmetros q_1, q_2, ..., q_s serão coordenadas generalizadas para o sistema se a posição de cada partícula puder ser expressa como uma função de q_1, q_2, ..., q_s (e possivelmente o tempo *t*) e se *s* for o menor número que permite que o sistema seja descrito dessa forma.

Se houver *m* equações de vínculo, existirão 3n – m coordenadas independentes, e dizemos que o sistema tem 3n – m graus de liberdade. Se o número de graus de liberdade for igual ao número de coordenadas generalizadas, o sistema é considerado holonômico.

Questões para revisão

1) Para a lagrangiana $\mathcal{L} = \dfrac{\dot{x}^2 + x^2\dot{y}^2}{2} - \dfrac{kx^2y^2}{2}$, encontre as equações de movimento:

   a) $\ddot{x} = x\dot{y}^2 + kxy^2$; $x\ddot{y} = -2\dot{x}\dot{y} + kxy$.

   b) $\ddot{x} = -kxy^2$; $\ddot{y} = -ky$.

   c) $\ddot{x} = x\dot{y}^2 - kxy^2$; $\ddot{y} = -ky$.

   d) $\ddot{x} = x\dot{y}^2 - kxy^2$; $x\ddot{y} = -2\dot{x}\dot{y} - kxy$.

   e) $\ddot{x} = x\dot{y}^2 + kxy^2$; $\ddot{y} = ky$.

2) Duas partículas se movem no espaço tridimensional com a distância entre elas fixa. O número de graus de liberdade do sistema formado pelas duas partículas é:

   a) 3.
   b) 4.
   c) 5.
   d) 6.
   e) 8.

3) A energia cinética de uma partícula, em termos das coordenadas generalizadas r e $q = \operatorname{sen}\theta$, em que r e θ são coordenadas polares, é:

   a) $\dfrac{1}{2}m\left(\dot{r}^2 + r^2\dot{q}^2\right)$.

   b) $\dfrac{1}{2}m\left(\dot{r}^2 + \dfrac{r^2\dot{q}^2}{1-q^2}\right)$.

   c) $\dfrac{1}{2}m\left(\dot{r}^2q^2 + r^2\dot{q}^2\right)$.

d) $\frac{1}{2}m\left(\dot{r}^2 + r^2\theta^2\dot{q}^2\right)$.

e) $\frac{1}{2}m\left(\dot{r}^2 + r^2\dot{\theta}^2\dot{q}^2\right)$.

4) Considere a função $f = \left(\dfrac{dy}{dx}\right)^2$, com $y(x) = x$. Para $\phi(x) = \text{sen } x$, determine $I(\mu)$ entre os pontos $x_1 = 0$ e $x_2 = 2\pi$ e mostre que seu valor estacionário ocorre para $\mu = 0$.

5) Determine a relação $y = y(x)$ de forma que a integral $I = \int_{x_1}^{x_2} \sqrt{x\left(1 + y'^2\right)}\, dx$ seja estacionária. Qual é a forma da curva?

6) Mostre que a menor distância entre dois pontos é uma reta.

7) Usando coordenadas esféricas (r, θ, ϕ) e assumindo que $\phi = \phi(\theta)$, mostre que o comprimento de um caminho que une dois pontos em uma esfera de raio R é dado por $L = R\int_{\theta_1}^{\theta_2} \sqrt{1 + \text{sen}^2\theta\, \phi'(\theta)^2}\, d\theta$, com (θ_1, ϕ_1) e (θ_2, ϕ_2) especificando os dois pontos.

8) O princípio de Fermat: considere um raio de luz viajando no vácuo, partindo do ponto P_1 (0, y_1, 0), refletindo-se no ponto Q (x, 0, z) de um espelho plano e atingindo o ponto P_2 (x_2, y_2, 0), como mostra a Figura 1.10, supondo que o espelho esteja no plano xz.

Figura 1.10 – Raio de luz viajando no vácuo

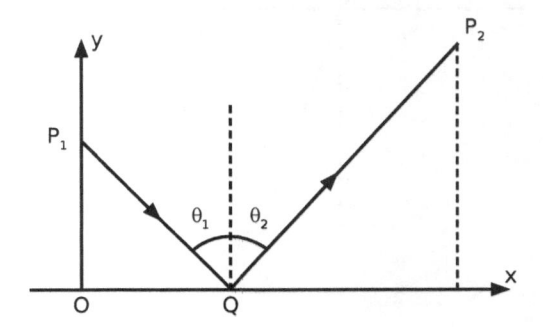

De acordo com esses dados, mostre que o tempo mínimo para o raio de luz percorrer o caminho P_1QP_2 está no mesmo plano vertical de P_1 e P_2 e obedece à lei da reflexão: $\theta_1 = \theta_2$.

9) A velocidade da luz em um meio de índice de refração n é $v = \dfrac{c}{n} = \dfrac{ds}{dt}$. Sabendo que o tempo para a luz viajar do ponto A ao ponto B é dado por $t = \int_A^B \dfrac{ds}{v}$ e aplicando o princípio de Fermat do menor tempo, obtenha a lei de Snell $n_1 \operatorname{sen} \theta_1 = n_2 \operatorname{sen} \theta_2$, para a refração da luz ao passar de um meio para outro, conforme Figura 1.11.

Figura 1.11 – Refração da luz

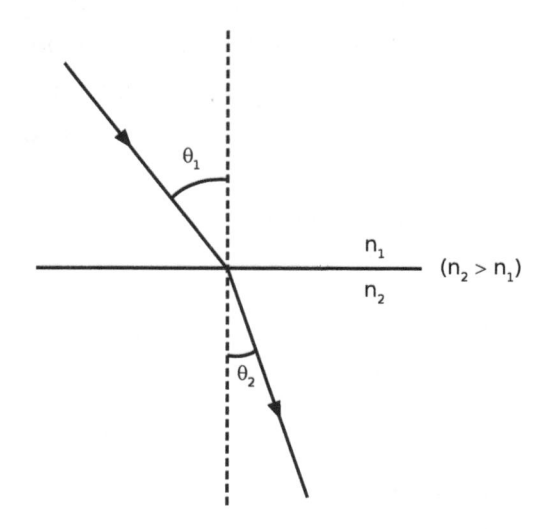

10) Mostre que o tempo necessário para uma partícula se mover (sem atrito) para o ponto mínimo da cicloide é $\pi\sqrt{\dfrac{a}{g}}$, independentemente do ponto de partida.

11) Escreva a lagrangiana de um projétil em termos de suas coordenadas cartesianas (x, y, z), com z medido verticalmente para cima. Encontre as três equações de Lagrange. Ignore a resistência do ar.

12) Considere uma partícula de massa m em movimento em duas dimensões com energia potencial $U = \dfrac{1}{2}kr^2$, em que $r^2 = x^2 + y^2$. Escreva a lagrangiana $\mathcal{L}(x, y)$ e encontre as equações de movimento.

13) Uma partícula está forçada a se mover na superfície de um cone circular com eixo no eixo z, vértice na origem (apontando para baixo) e meio-ângulo α (Figura 1.12). A partícula está sob a ação da força gravitacional.

Figura 1.12 – Cone circular

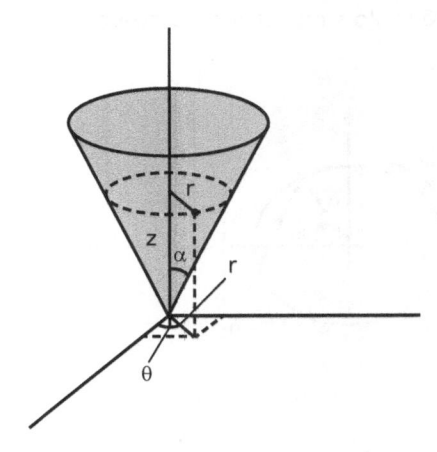

Determine um conjunto de coordenadas generalizadas e os vínculos do problema. Encontre as equações de Lagrange do movimento.

14) Uma esfera de raio R pode rolar sem deslizar na superfície interna de um cilindro de raio ρ. Determine a lagrangiana, as equações de vínculo e as equações de Lagrange do movimento. Encontre a frequência para pequenas oscilações.

15) A Figura 1.13 mostra um pêndulo simples (de massa *m* e comprimento *b*) cujo ponto de apoio P se move em um círculo de raio *a* com velocidade angular constante ω. Em t = 0, o ponto P está nivelado à direita do centro O do círculo. Escreva a lagrangiana e encontre a equação do movimento para o ângulo θ.

Figura 1.13 – Pêndulo simples movendo-se em círculo

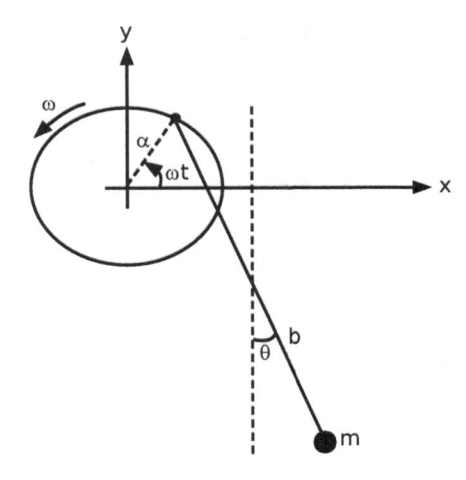

16) Uma conta de massa *m* desliza em um aro de arame circular sem atrito de raio R. O aro fica em um plano vertical, que é forçado a girar em torno do diâmetro vertical do aro com velocidade angular constante $\dot{\phi} = \omega$, conforme mostrado na Figura 1.14.

Figura 1.14 – Conta deslizando em um aro

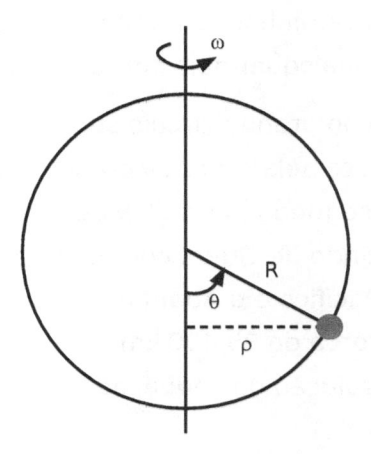

A posição da conta no aro é especificada pelo ângulo θ medido a partir da vertical. Escreva a lagrangiana para o sistema em termos da coordenada generalizada θ e encontre a equação de movimento da conta. Existem posições de equilíbrio na qual a conta permanece com θ constante?

Questão para reflexão

1) Considere encontrar o caminho mais curto entre dois pontos (1 e 2) na superfície de uma esfera (problema de geodésica). Como você provavelmente sabe, a resposta é um círculo que une os dois pontos. Supondo, agora, que a Terra seja esférica, considere duas cidades na linha do Equador, Quito (perto da Costa do Pacífico do Equador) e Macapá (na foz do

Rio Amazonas, na Costa Atlântica do Brasil). Note que existem dois caminhos diferentes no grande círculo conectando quaisquer dois pontos no globo.

Um caminho no grande círculo segue a linha do Equador a leste pela América do Sul – cerca de 3.220 km. A segunda possibilidade é seguir para o oeste, partindo de Quito, contornando o Equador, cruzando o Pacífico e o Atlântico e chegando a Macapá – cerca de 35.400 km. Discuta qual dos dois caminhos é solução das equações de Euler-Lagrange.

Método hamiltoniano

2

Conteúdos do capítulo:

- Teoremas de conservação.
- Método hamiltoniano.
- Teorema de Liouville.
- Teorema virial.
- Derivação das equações de Lagrange do princípio de Hamilton.

Após o estudo deste capítulo, você será capaz de:

1. identificar os teoremas de conservação como resultados de simetrias da função lagrangiana;
2. construir a função hamiltoniana de sistemas mecânicos;
3. expressar as equações de movimento usando o formalismo hamiltoniano;
4. interpretar qualitativamente o espaço de fase de sistemas mecânicos;
5. elaborar e interpretar o espaço de fase de sistemas simples;
6. analisar as relações de energia em um sistema por meio do teorema virial;
7. aplicar o teorema virial a sistemas mecânicos.

No capítulo anterior, abordamos a formulação lagrangiana da mecânica, uma reformulação da mecânica newtoniana e, portanto, equivalente a esta. Uma das principais vantagens da formulação lagrangiana é a flexibilidade na escolha das coordenadas. Neste capítulo, apresentaremos a terceira formulação da mecânica: a formulação hamiltoniana.

Semelhantemente à lagrangiana, a formulação hamiltoniana é equivalente à newtoniana, entretanto as equações de movimento são equações diferenciais de primeira ordem, e não de segunda ordem, como no caso lagrangiano. Além disso, para muitos sistemas, a função hamiltoniana coincide com a energia total do sistema; assim, ao contrário da função lagrangiana, temos uma formulação baseada em uma função com significado físico.

Vale mencionar também que a formulação hamiltoniana tem um papel importante em várias áreas da física moderna, como a astrofísica e a física de plasmas, e, em particular, é muito conveniente na mecânica quântica.

2.1 Teoremas de conservação

O princípio de conservação de energia determina que, se apenas forças conservativas agem sob uma partícula, sua energia mecânica total $E = T + U$ permanece constante.

Dado que a lagrangiana usual de um sistema é
L = T – U, ou seja, difere da expressão da energia apenas pelo sinal de U, podemos nos perguntar se há uma relação direta entre E e L.

De fato, podemos estabelecer essa relação, porém, como veremos, é possível demostrar esse princípio por meio da formulação lagrangiana apenas como um caso especial.

2.1.1 Conservação de energia

Tomando a derivada total da lagrangiana, temos:

Equação 2.1

$$\frac{d\mathcal{L}}{dt} = \sum_i \frac{\partial \mathcal{L}}{\partial q_i} \dot{q}_i + \sum_i \frac{\partial \mathcal{L}}{\partial \dot{q}_i} \ddot{q}_i + \frac{\partial \mathcal{L}}{\partial t}$$

A lagrangiana de um sistema fechado (sem interações externas) não pode depender explicitamente do tempo. Então, a Equação 2.1 torna-se:

Equação 2.2

$$\frac{d\mathcal{L}}{dt} = \sum_i \frac{\partial \mathcal{L}}{\partial q_i} \dot{q}_i + \sum_i \frac{\partial \mathcal{L}}{\partial \dot{q}_i} \ddot{q}_i$$

Isso porque:

Equação 2.3

$$\frac{\partial \mathcal{L}}{\partial t} = 0$$

Considerando as equações de Lagrange, temos:

Equação 2.4

$$\frac{\partial \mathcal{L}}{\partial q_i} = \frac{d}{dt}\frac{\partial \mathcal{L}}{\partial \dot{q}_i}$$

Usando a Equação 2.4 na Equação 2.2, obtemos:

Equação 2.5

$$\frac{d\mathcal{L}}{dt} = \sum_i \dot{q}_i \frac{\partial \mathcal{L}}{\partial \dot{q}_i} + \sum_i \frac{\partial \mathcal{L}}{\partial \dot{q}_i}\ddot{q}_i = \sum_i \frac{d}{dt}\left(\dot{q}_i \frac{\partial \mathcal{L}}{\partial \dot{q}_i}\right)$$

Podemos escrever essa equação de maneira mais simples:

Equação 2.6

$$\frac{d}{dt}\left(\mathcal{L} - \sum_i \dot{q}_i \frac{\partial \mathcal{L}}{\partial \dot{q}_i}\right) = 0$$

Nessa equação, a quantidade entre parênteses é constante e vamos denotá-la por –H. Assim:

Equação 2.7

$$\mathcal{L} - \sum_i \dot{q}_i \frac{\partial \mathcal{L}}{\partial \dot{q}_i} = -H = \text{constante}$$

Em todos os casos que discutimos até aqui, supusemos que a energia potencial do sistema depende apenas das coordenadas, e não das velocidades, isto é, $U = U(x_i)$. Além disso, as relações de transformação entre coordenadas retangulares x_i e coordenadas generalizadas q_i não envolviam, explicitamente, o tempo nas equações de transformação (vínculos esclerônomicos), o que implica $U = U(q_i)$ e $\frac{\partial U}{\partial \dot{q}_i} = 0$. Logo:

Equação 2.8

$$\frac{\partial \mathcal{L}}{\partial \dot{q}_i} = \frac{\partial T}{\partial \dot{q}_i}$$

Isso porque $\mathcal{L} = T - U$.

Sob as hipóteses apresentadas no parágrafo anterior, podemos mostrar que a energia cinética é uma função quadrática das velocidades generalizadas:

Equação 2.9

$$T = \sum_{i,j} a_{i,j} \dot{q}_i \dot{q}_j$$

E ainda:

Equação 2.10

$$\sum_i \dot{q}_i \frac{\partial T}{\partial \dot{q}_i} = 2\sum_{i,j} a_{i,j} \dot{q}_i \dot{q}_j = 2T$$

Usando o resultado da Equação 2.10 na Equação 2.7, obtemos:

Equação 2.11

$$(T - U) - \sum_i \dot{q}_i \frac{\partial \mathcal{L}}{\partial \dot{q}_i} = T - U - 2T = -H$$

Logo:

Equação 2.12

$$H = T + U = \text{constante}$$

Nese caso, a energia total do sistema é constante. Quando a lagrangiana não depende explicitamente do tempo, dizemos que o tempo é **homogêneo** e a energia total se conserva.

De acordo com a Equação 2.7, definimos, aqui, a função $\mathcal{H}$, chamada de **função hamiltoniana do sistema**:

Equação 2.13

$$\mathcal{H} = \sum_i \dot{q}_i \frac{\partial \mathcal{L}}{\partial \dot{q}_i} - \mathcal{L}$$

Note que, com as condições anteriores sendo garantidas, a hamiltoniana $\mathcal{H}$ é igual à energia total do sistema.

2.1.2 Conservação do momento linear

Pela definição do momento linear de um sistema mecânico, **p** = m**v** é:

Equação 2.14

$$F = \frac{dp}{dt}$$

Se, em dada direção **û**, não houver ação da força, teremos **F** · **û** = 0, ou, de forma equivalente:

Equação 2.15

$$\frac{d}{dt}(\mathbf{p} \cdot \mathbf{\hat{u}}) = 0$$

Ou seja, **p** é constante.

Podemos notar a equivalência entre as equações de Lagrange e as equações de Newton facilmente usando coordenadas retangulares.

Para um sistema conservativo, teremos U = U(x_i) e T = T($\dot{x}_i$) e podemos, então, escrever as equações de Lagrange como:

Equação 2.16

$$\frac{d}{dt}\frac{\partial T}{\partial \dot{x}_i} = -\frac{\partial U}{\partial x_i}$$

Nessa equação, o lado à direita do sinal de igual é o gradiente do potencial, ou seja, a força resultante que atua no sistema:

Equação 2.17

$$F_i = -\frac{\partial U}{\partial x_i}$$

Assim:

Equação 2.18

$$\frac{d}{dt}\frac{\partial T}{\partial \dot{x}_i} = \frac{d}{dt}\frac{\partial}{\partial \dot{x}_i}\left(\sum_{j=1}^{3}\frac{1}{2}m\dot{x}_j^2\right) = \frac{d}{dt}(m\dot{x}_i)$$

Dessa forma, podemos identificar $\frac{\partial T}{\partial \dot{x}_i}$ com o momento linear do sistema:

Equação 2.19

$$\frac{\partial T}{\partial \dot{x}_i} = p_i$$

Com base na transformação para coordenadas generalizadas $x_i = x_i(q_i, t)$, temos:

Equação 2.20

$$\dot{x}_i = \sum_j \frac{\partial x_i}{\partial q_j}\dot{q}_j + \frac{\partial x_i}{\partial t} \Rightarrow \frac{\partial \dot{x}_i}{\partial \dot{q}_i} = \frac{\partial x_i}{\partial q_j}$$

Essa equação permite definir um **momento generalizado**:

Equação 2.21

$$p_i = \frac{\partial \mathcal{L}}{\partial \dot{q}_i}$$

Note que, se q_i tiver unidade de comprimento, p_i será um momento linear; se q_i for um ângulo, p_i será um momento angular.

A lagrangiana de um sistema fechado é invariante por uma translação, o que significa dizer que, para uma translação em uma direção, como:

$$r \rightarrow r + \epsilon \hat{u}$$
$$v \rightarrow v$$

Em que ϵ é uma translação infinitesimal, temos:

Equação 2.22

$$\mathcal{L} \rightarrow \mathcal{L} + \frac{\partial \mathcal{L}}{\partial r} \cdot \epsilon \hat{u} + O(\epsilon^2)$$

Portanto, o fato de a lagrangiana ser invariante sob uma translação em uma direção $\hat{u}$ implica:

Equação 2.23

$$\frac{\partial \mathcal{L}}{\partial r} \cdot \hat{u} = 0$$

Considerando a equação de Lagrange, temos:

Equação 2.24

$$\frac{d}{dt}\frac{\partial \mathcal{L}}{\partial \dot{r}} = \frac{\partial \mathcal{L}}{\partial r}$$

Tomando o produto escalar por $\hat{u}$ dos dois lados, obtemos:

Equação 2.25

$$\frac{d}{dt}\frac{\partial \mathcal{L}}{\partial \dot{r}} \cdot \hat{u} = \frac{\partial \mathcal{L}}{\partial r} \cdot \hat{u} = 0$$

Portanto, se tivermos:

$$\frac{\partial \mathcal{L}}{\partial q_i} = 0$$

Então:

$$\frac{d}{dt}\frac{\partial \mathcal{L}}{\partial \dot{q}_i} = 0$$

Isso quer dizer que o momento linear associado à coordenada generalizada q_i é conservado. Nesse caso, dizemos que a coordenada q_i é uma **coordenada cíclica** e seu momento conjugado p_i é uma **constante do movimento**.

> **Importante!**
>
> A conservação do momento linear está associada à uniformidade do espaço e se expressa na invariância da lagrangiana em relação às translações.

2.1.3 Conservação do momento angular

A lagrangiana de um sistema fechado também é invariante por uma rotação infinitesimal. Suponhamos que o sistema seja rotacionado de um ângulo infinitesimal $\delta\theta$ em torno de um eixo qualquer, como ilustra a Figura 2.1.

Figura 2.1 – Diagrama vetorial de uma rotação infinitesimal δ

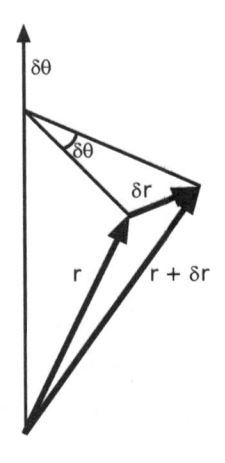

Nesse caso, o raio vetor de um ponto **r** muda para **r** + **δr**, com **δr** = $(\hat{u} \times \mathbf{r})\delta\theta$, de modo que:

Equação 2.26

$$\mathbf{r} \to \mathbf{r} + (\hat{\mathbf{u}} \times \mathbf{r})\delta\theta$$
$$\mathbf{v} \to \mathbf{v} + (\hat{\mathbf{u}} \times \mathbf{v})\delta\theta$$

E ainda:

Equação 2.27

$$\mathcal{L}\left(\mathbf{r} + \delta\mathbf{r}, \mathbf{v} + \delta\mathbf{v}, t\right) = \mathcal{L}(\mathbf{r}, \mathbf{v}, t) + \frac{\partial\mathcal{L}}{\partial\mathbf{r}} \cdot \delta\mathbf{r} + \frac{\partial\mathcal{L}}{\partial\mathbf{v}} \cdot \delta\mathbf{v} + O(\delta\theta^2)$$

A condição para que a lagrangiana $\mathcal{L}$ seja invariante à rotação é, portanto:

Equação 2.28

$$\frac{\partial\mathcal{L}}{\partial\mathbf{r}} \cdot \delta\mathbf{r} + \frac{\partial\mathcal{L}}{\partial\mathbf{v}} \cdot \delta\mathbf{v} = 0$$

Isso decorre de:

Equação 2.29

$$\frac{d}{dt}\left(\frac{\partial\mathcal{L}}{\partial\mathbf{v}} \cdot \delta\mathbf{r}\right) = \frac{d}{dt}\left(\frac{\partial\mathcal{L}}{\partial\mathbf{v}}\right) \cdot \delta\mathbf{r} + \frac{\partial\mathcal{L}}{\partial\mathbf{v}} \cdot \delta\mathbf{v} = \frac{d}{dt}\left(\frac{\partial\mathcal{L}}{\partial\mathbf{v}}\right) \cdot \delta\mathbf{r} - \frac{\partial\mathcal{L}}{\partial\mathbf{r}} \cdot \delta\mathbf{r}$$

Pela equação de Euler, temos:

Equação 2.30

$$\frac{d}{dt}\left(\frac{\partial\mathcal{L}}{\partial\mathbf{v}} \cdot \delta\mathbf{r}\right) = \frac{d}{dt}\left(\frac{\partial\mathcal{L}}{\partial\mathbf{v}}\right) \cdot \delta\mathbf{r} - \frac{\partial\mathcal{L}}{\partial\mathbf{r}} \cdot \delta\mathbf{r} = 0$$

Ou seja, quando $\mathcal{L}$ é invariante sob rotação na direção $\hat{u}$, temos:

Equação 2.31

$$\frac{\partial \mathcal{L}}{\partial \mathbf{v}} \cdot (\hat{u} \times \mathbf{r}) = \mathbf{p} \cdot (\hat{u} \times \mathbf{r}) = \text{constante}$$

Ou, de forma equivalente, temos:

Equação 2.32

$$\hat{u} \cdot (\mathbf{r} \times \mathbf{p}) = \text{constante}$$

Nessa equação, o termo entre parênteses é o momento angular do sistema na direção $\hat{u}$.

Importante!

A conservação do momento angular está associada à isotropia do espaço e se expressa na invariância da lagrangiana em relação às rotações.

Exemplo 2.1

Retomando um exemplo apresentado no Capítulo 1, vamos supor que uma partícula desliza sobre um hemisfério liso, sem atrito, de raio R (Figura 1.5). A lagrangiana da partícula é:

$$\mathcal{L} = \frac{1}{2}mR^2\left(\dot{\theta}^2 + \dot{\varphi}^2 \operatorname{sen}^2\theta\right) - mgR\cos\theta$$

Nesse caso, o problema tem simetria azimutal, pois j é uma **coordenada cíclica** (não aparece no funcional $\mathcal{L}$) e $\frac{\partial \mathcal{L}}{\partial \varphi} = 0$:

$$\frac{d}{dt}\frac{\partial \mathcal{L}}{\partial \dot{\varphi}} = \frac{d}{dt}\left(mR^2\dot{\varphi}\operatorname{sen}^2\theta\right) = 0$$

Assim, a componente $\hat{k}$ do momento angular se conserva.

2.2 Função hamiltoniana e equações de Hamilton

O método lagrangiano fornece n equações diferenciais de segunda ordem para $q_k(t)$, em que n é o número de graus de liberdade do sistema:

Equação 2.33

$$\frac{\partial \mathcal{L}}{\partial q_k} - \frac{d}{dt}\frac{\partial \mathcal{L}}{\partial \dot{q}_k} = 0$$

Essa é a equação básicas da mecânica analítica.

A função lagrangiana é quadrática nas velocidades, e William R. Hamilton (1805-1865) descobriu uma transformação de variáveis que permite expressar a lagrangiana como uma função linear nas velocidades em um conjunto de $2n$ equações diferenciais de primeira ordem. Essa transformação de variáveis é chamada **transformação de Legendre**[1].

---

1   A transformação de Legendre e sua aplicação não se limitam à mecânica, estendendo-se a áreas como a termodinâmica.

Nesse sentido, o método hamiltoniano simplifica o problema lagrangiano, e as equações de movimento, mais descomplicadas e simétricas, resultantes dessa transformação, são chamadas equações canônicas.

2.2.1 Transformação de Legendre

A função lagrangiana é, geralmente, uma função das n coordenadas generalizadas q_i, das n velocidades generalizadas $\dot{q}_i$ e, eventualmente, do tempo t, ou seja:

Equação 2.34

$$\mathcal{L}(q_1, \ldots, q_n; \dot{q}_1, \ldots, \dot{q}_n; t)$$

A transformação de Legendre é feita introduzindo-se uma "nova variável", que chamamos **momentos generalizados** p_i:

Equação 2.35

$$p_i = \frac{\partial \mathcal{L}}{\partial \dot{q}_i}$$

Introduzimos uma nova função $\mathcal{H}$, que chamamos **função hamiltoniana** do sistema:

Equação 2.36

$$\mathcal{H} = \sum_i^n \dot{q}_i \frac{\partial \mathcal{L}}{\partial \dot{q}_i} - \mathcal{L}$$

Expressamos a hamiltoniana $\mathcal{H}$ em termos das novas variáveis p_i resolvendo a Equação 2.35 para $\dot{q}_i$ e substituindo-a na Equação 2.36 para obter:

Equação 2.37

$$\mathcal{H}(q_1, ..., q_n; p_1, ..., p_n; t)$$

Considerando uma variação infinitesimal $\mathcal{H}$ produzida por uma variação infinitesimal de p_i, temos:

Equação 2.38

$$\delta\mathcal{H} = \sum_i^n \frac{\partial \mathcal{H}}{\partial p_i} \delta p_i$$

De acordo com as Equações 2.35 e 2.36, a Equação 2.38 fica assim:

Equação 2.39

$$\delta\mathcal{H} = \sum_i^n \left(\dot{q}_i \delta p_i + p_i \delta \dot{q}_i\right) - \delta\mathcal{L}$$

$$\delta\mathcal{H} = \sum_i^n \left[\dot{q}_i \delta p_i + \left(p_i - \frac{\partial \mathcal{L}}{\partial \dot{q}_i}\right) \delta \dot{q}_i\right]$$

Nessa equação, o termo entre parênteses é nulo por resultado da Equação 2.35 e, dessa forma, obtemos:

Equação 2.40

$$\dot{q}_i = \frac{\partial \mathcal{H}}{\partial p_i}$$

Se considerarmos, agora, a diferencial total de $\mathcal{H}$ pela Equação 2.37, temos:

Equação 2.41

$$d\mathcal{H} = \sum_{i}^{n}\left(\frac{\partial \mathcal{H}}{\partial p_i}dp_i + \frac{\partial \mathcal{H}}{\partial q_i}dq_i\right) + \frac{\partial \mathcal{H}}{\partial t}dt$$

Rearranjando os termos, chegamos a:

Equação 2.42

$$d\mathcal{H} = \sum_{i}^{n}\left(\dot{q}_i dp_i + p_i d\dot{q}_i - \frac{\partial \mathcal{L}}{\partial q_i}dq_i - \frac{\partial \mathcal{L}}{\partial \dot{q}_i}d\dot{q}_i\right) - \frac{\partial \mathcal{L}}{\partial t}dt$$

Equação 2.43

$$d\mathcal{H} = \sum_{i}^{n}\left(\dot{q}_i dp_i + p_i d\dot{q}_i - \frac{d}{dt}\frac{\partial \mathcal{L}}{\partial \dot{q}_k}dq_i - p_i d\dot{q}_i\right) - \frac{\partial \mathcal{L}}{\partial t}dt$$

Equação 2.44

$$d\mathcal{H} = \sum_{i}^{n}\left(\dot{q}_i dp_i - \dot{p}_i dq_i\right) - \frac{\partial \mathcal{L}}{\partial t}dt$$

Por comparação com a Equação 2.41, obtemos as seguintes relações:

Equação 2.45

$$\dot{p} = -\frac{\partial \mathcal{H}}{\partial q_i}$$

Equação 2.46

$$\frac{\partial \mathcal{L}}{\partial t} = -\frac{\partial \mathcal{H}}{\partial t}$$

Finalmente, podemos substituir as equações de Lagrange do movimento por esse novo conjunto de equações diferenciais que chamamos **equações canônicas de Hamilton** ou, simplesmente, **equações de Hamilton**:

Equação 2.47

$$\dot{q}_i = \frac{\partial \mathcal{H}}{\partial p_i}; \quad \dot{p} = -\frac{\partial \mathcal{H}}{\partial q_i}$$

Nessas equações, cada coordenada generalizada q_i está associada a um momento generalizado p_i, por isso os p_i são chamados **momentos conjugados**.

Outro resultado que decorre da comparação com a Equação 2.41 é:

Equação 2.48

$$\frac{d\mathcal{H}}{dt} = \frac{\partial \mathcal{H}}{\partial t} = -\frac{\partial \mathcal{L}}{\partial t}$$

Ou seja, se $\mathcal{H}$ ou $\mathcal{L}$ não dependem explicitamente do tempo, então:

Equação 2.49

$$\frac{d\mathcal{H}}{dt} = 0$$

Isso significa que a hamiltoniana é uma grandeza conservada. Como vimos na Seção 2.1.1, se a energia potencial não depende das velocidades $\dot{q}_i$ e os vínculos forem escleronômicos, a hamiltoniana representará a energia total do sistema $\mathcal{H} = T + U$ e teremos $\mathcal{H} = E = $ constante.

Exemplo 2.2

Considere o caso de um oscilador harmônico simples unidimensional mostrado na Figura 1.1 e determine a hamiltoniana e as equações de Hamilton.

Solução
A lagrangiana para o oscilador é:

Equação 2.50

$$\mathcal{L} = T - U = \frac{1}{2}m\dot{x}^2 - \frac{1}{2}kx^2$$

Como já esperado, o momento conjugado é:

Equação 2.51

$$p = \frac{\partial L}{\partial \dot{x}} = m\dot{x}$$

A hamiltoniana do sistema é:

Equação 2.52

$$\mathcal{H} = \sum_i^n \dot{q}_i \frac{\partial \mathcal{L}}{\partial \dot{q}_i} - \mathcal{L} = \dot{x}\frac{\partial \mathcal{L}}{\partial \dot{x}} - \mathcal{L} = m\dot{x}^2 - \left(\frac{1}{2}m\dot{x}^2 - \frac{1}{2}kx^2\right)$$

Portanto:

Equação 2.53

$$\mathcal{H} = \frac{p^2}{2m} + \frac{1}{2}kx^2 = T + U$$

As equações canônicas de Hamilton são:

Equação 2.54

$$\dot{x} = \frac{\partial \mathcal{H}}{\partial p} = \frac{p}{m}$$

$$\dot{p} = -\frac{\partial \mathcal{H}}{\partial x} = -kx$$

Essas equações são do momento linear e da segunda lei de Newton para o oscilador.

A transformada de Legendre é dual, o que permite também definir a lagrangiana do sistema em termos da hamiltoniana:

Equação 2.55

$$\mathcal{L} = \sum_i^n p_i \dot{q}_i - \mathcal{H}(q_1, \ldots, q_n; p_1, \ldots, p_n; t)$$

Esse resultado pode ser interpretado como a energia cinética menos a energia potencial (como é usual em mecânica), pois o primeiro termo da Equação 2.50 depende das velocidades e o segundo, apenas das coordenadas q_i e p_i.

Além disso, note que o primeiro termo é linear nas velocidades $\dot{q}_i$.

Neste livro, os exemplos de interesse são aqueles em que a energia cinética T é quadrática nas velocidades, dada por:

Equação 2.56

$$T = \frac{1}{2} \sum_{i,j} a_{i,j} \dot{q}_i \dot{q}_j$$

Nesse caso, o potencial U é independente das velocidades:

Equação 2.57

$$p_i = \frac{\partial \mathcal{L}}{\partial \dot{q}_i} = \frac{\partial T}{\partial \dot{q}_i} = \sum_j a_{i,j} \dot{q}_j$$

Logo, temos:

Equação 2.58

$$\sum_i^n p_i \dot{q}_i = \sum_{i,j}^n a_{i,j} \dot{q}_i \dot{q}_j = 2T$$

Exemplo 2.3

Considere o caso de um pêndulo esférico da Figura 2.2. Use o método hamiltoniano para obter as equações de movimento.

Figura 2.2 – Pêndulo esférico

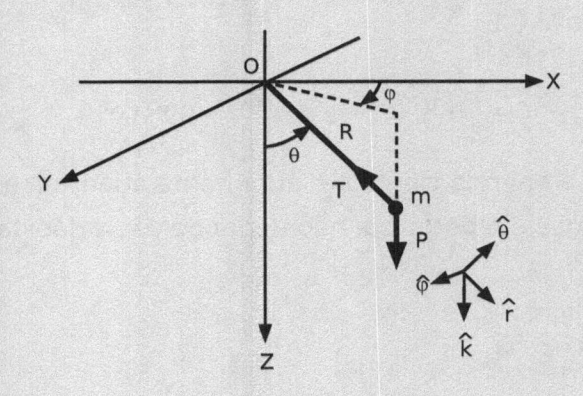

Solução
A força de tração T é sempre perpendicular ao movimento (portanto não realiza trabalho), e o vínculo é:

Equação 2.59

$$x^2 + y^2 + z^2 = R^2$$

As coordenadas cartesianas se escrevem em termos dessas coordenadas próprias:

Equação 2.60

$$\begin{cases} x = R\,\text{sen}\,\theta\cos\varphi \\ y = R\,\text{sen}\,\theta\,\text{sen}\,\varphi \\ z = R\cos\theta \end{cases}$$

Nesse caso, a lagrangiana é:

Equação 2.61

$$\mathcal{L} = \frac{1}{2}mR^2\left(\dot\theta^2 + \dot\varphi^2\,\text{sen}^2\theta\right) - mgR\cos\theta$$

Como a energia cinética é puramente quadrática nas velocidades e o potencial não depende das velocidades, temos:

Equação 2.62

$$\mathcal{H} = \sum_i^n p_i\dot q_i - \mathcal{L} = 2T - \mathcal{L} = T + V$$

Em termos das coordenadas próprias do sistema, temos:

Equação 2.63

$$\mathcal{H} = p_\theta\dot\theta + p_\varphi\dot\varphi - \mathcal{L}$$

Os momentos conjugados a θ e φ são:

Equação 2.64

$$p_\theta = \frac{\partial \mathcal{L}}{\partial \dot\theta} = mR^2\dot\theta$$

Equação 2.65

$$p_\varphi = \frac{\partial \mathcal{L}}{\partial \dot\varphi} = mR^2 \dot\varphi \, \text{sen}^2\theta$$

Portanto:

Equação 2.66

$$\dot\theta = \frac{p_\theta}{mR^2} \Rightarrow p_\theta \dot\theta = \frac{p_\theta^2}{mR^2}$$

Equação 2.67

$$\dot\varphi = \frac{p_\varphi}{mR^2 \, \text{sen}^2\theta} \Rightarrow p_\varphi \dot\varphi = \frac{p_\varphi^2}{mR^2 \, \text{sen}^2\theta}$$

O funcional hamiltoniano do sistema é:

Equação 2.68

$$\mathcal{H}(\theta, \varphi, p_\theta, p_\varphi) = \frac{p_\theta^2}{2mR^2} + \frac{p_\varphi^2}{2mR^2 \, \text{sen}^2\theta} + mgR\cos\theta$$

As equações de movimento são:

Equação 2.69

$$\dot\theta = \frac{p_\theta}{mR^2} \qquad \dot\varphi = \frac{p_\varphi}{mR^2 \, \text{sen}^2\theta}$$

$$\dot p_\theta = -\frac{\partial \mathcal{H}}{\partial \theta} = \frac{p_\varphi^2 \cos\theta}{mR^2 \, \text{sen}^3\theta} - mgR\,\text{sen}\theta$$

$$\dot p_\varphi = -\frac{\partial \mathcal{H}}{\partial \varphi} = 0$$

São 2n = 4 equações de movimento, uma vez que temos n = 2 graus de liberdade. Além disso, o momento generalizado conjugado à coordenada φ é conservado, já que $\dot{p}_\varphi = 0$.

Trata-se, nesse caso, do momento angular L_z na direção $\hat{k}$, visto que o sistema tem simetria de rotação ao longo do eixo z. Dizemos que p_φ é uma **constante de movimento**. Também temos que a lagrangiana não depende explicitamente do tempo:

Equação 2.70

$$\frac{\partial \mathcal{L}}{\partial t} = -\frac{\partial \mathcal{H}}{\partial t} = 0$$

Por fim, verificamos que $\mathcal{H}$, que, neste caso, é a energia total, se conserva.

Exemplo 2.4

Uma partícula de massa m é forçada a se mover na superfície de um cilindro definido por $x^2 + y^2 = R^2$. A partícula está sob a ação de um centro de força harmônica, direcionada para a origem e proporcional à distância da partícula à origem: $F = -kr\hat{r}$. Não há força gravitacional agindo. Use o método hamiltoniano para obter as equações de movimento.

Figura 2.3 – Partícula em uma superfície cilíndrica

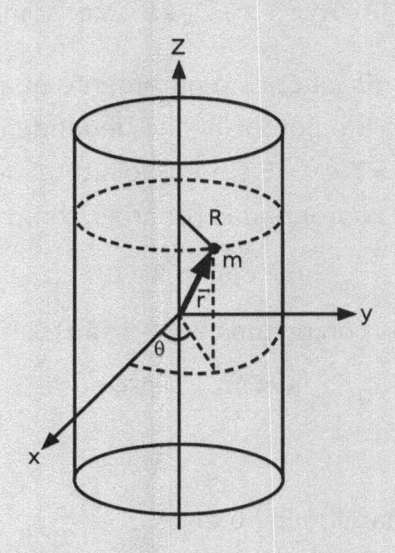

Solução

O vínculo do sistema é dado por $x^2 + y^2 = R^2$ e as coordenadas próprias são θ e z.

As coordenadas cartesianas se escrevem em termos dessas coordenadas próprias:

$$\begin{cases} x = R\cos\theta \\ y = R\,\text{sen}\,\theta \\ z = z \end{cases}$$

O potencial associado à força harmônica que age sobre a partícula é:

$$U = -\frac{1}{2}kr^2 = -\frac{1}{2}k(R^2 + z^2) = -\frac{1}{2}kz^2 + \text{constante}$$

A lagrangiana, então, é dada por:

$$\mathcal{L} = \frac{1}{2}m(R^2\dot{\theta}^2 + \dot{z}^2) - \frac{1}{2}kz^2 + \text{constante}$$

Como a energia cinética é puramente quadrática nas velocidades e o potencial não depende dessas velocidades, $\mathcal{H} = T + V = E$ é a energia total do sistema. Em termos das coordenadas próprias, temos:

$$\mathcal{H} = p_\theta \dot{\theta} + p_z \dot{z} - \mathcal{L}$$

Os momentos conjugados a θ e z são:

$$p_\theta = \frac{\partial \mathcal{L}}{\partial \dot{\theta}} = mR^2\dot{\theta}$$

$$p_z = \frac{\partial \mathcal{L}}{\partial \dot{z}} = m\dot{z}$$

O funcional hamiltoniano é:

$$\mathcal{H}(z, p_\theta, p_z) = \frac{p_\theta^2}{2mR^2} + \frac{p_z^2}{2m} + \frac{1}{2}kz^2 + \text{constante}$$

As equações de Hamilton, portanto, são:

$$\dot{\theta} = \frac{p_\theta}{mR^2} \qquad \dot{z} = \frac{p_z}{m}$$

$$\dot{p}_\theta = -\frac{\partial \mathcal{H}}{\partial \theta} = 0 \qquad \dot{p}_z = -\frac{\partial \mathcal{H}}{\partial z} = -kz$$

A lagrangiana não depende, explicitamente, do tempo, o que mostra que a energia se conserva ($\mathcal{H} = \text{constante}$). Além disso, o momento angular na direção $\hat{k}$ também é uma constante de movimento, pois $L_z = p_\theta = mR^2\dot{\theta} = \text{constante}$. Isso já era esperado pela simetria do problema.

Combinando as equações para $\dot{z}$ e p_z, obtemos:

$$\ddot{z} + \omega^2 z = 0$$

Ou seja, a partícula gira em torno do eixo z com velocidade angular constante $\dot{\theta}$ e oscila na direção $\hat{k}$ como um oscilador harmônico simples com frequência $\omega = \sqrt{\dfrac{k}{m}}$.

Exemplo 2.5

Considere um pêndulo simples, plano, com uma massa m presa a uma corda de comprimento l. O pêndulo é colocado para oscilar preso a um ponto fixo, e o comprimento da corda começa a diminuir a uma taxa constante α. Obtenha a hamiltoniana e as equações de movimento do pêndulo.

Figura 2.4 – Partícula se movendo na superfície de um cilindro sob a ação de uma força harmônica

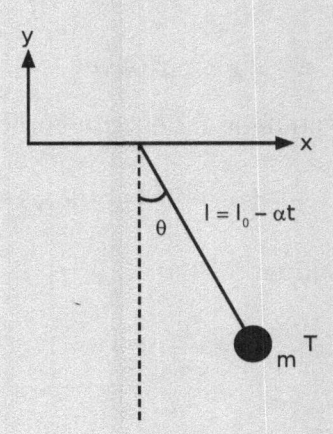

Solução

As coordenadas cartesianas se escrevem da seguinte maneira:

$$\begin{cases} x = l\,\text{sen}\,\theta \\ y = -l\cos\theta \end{cases}$$

O comprimento pendular diminui a uma taxa constante, isto é:

$$\dot{l} = \frac{dl}{dt} = -\alpha = \text{const.} \Rightarrow l = l_0 - \alpha t$$

Note que, aqui, temos um vínculo dependente do tempo, e o sistema tem apenas um grau de liberdade. Assim, a coordenada própria do pêndulo é θ. A energia cinética do pêndulo é:

$$T = \frac{1}{2}m\left(\dot{x}^2 + \dot{y}^2\right) = \frac{1}{2}m\left(\dot{l}^2 + l^2\dot{\theta}^2\right) = \frac{1}{2}m\left(\alpha^2 + l^2\dot{\theta}^2\right)$$

E ainda:

$$U = -mgl\cos\theta$$

Portanto, a lagrangiana é descrita como:

$$\mathcal{L} = \frac{1}{2}m\left(\alpha^2 + l^2\dot{\theta}^2\right) + mgl\cos\theta$$

O momento conjugado a θ é:

$$p_\theta = \frac{\partial \mathcal{L}}{\partial \dot{\theta}} = ml^2\dot{\theta}$$

Assim:

$$\mathcal{H} = p_\theta\dot{\theta} - \mathcal{L} = \frac{1}{2}m\left(l^2\dot{\theta}^2 - \alpha^2\right) - mgl\cos\theta$$

O funcional hamiltoniano é:

$$\mathcal{H}(\theta, p_\theta) = \frac{p_\theta^2}{2ml^2} - mgl\cos\theta - \frac{1}{2}m\alpha^2$$

As equações de Hamilton são:

$$\dot{\theta} = \frac{p_\theta}{ml^2} \qquad \dot{p}_\theta = -\frac{\partial \mathcal{H}}{\partial \theta} = -mgl\,\mathrm{sen}\,\theta$$

A energia mecânica do sistema é dada por:

$$E = T + V = \frac{1}{2}m\left(\alpha^2 + l^2\dot{\theta}^2\right) - mgl\cos\theta$$

Nesse caso, portanto:

$$\mathcal{H} = E - \frac{1}{2}m\alpha^2$$

Isso significa que as duas grandezas não são iguais. Essa condição é esperada, uma vez que a relação entre as coordenadas cartesianas e generalizadas depende do tempo.

Dessa maneira:

$$\frac{d\mathcal{H}}{dt} = \frac{dE}{dt} = -\frac{\partial \mathcal{L}}{\partial t} \neq 0$$

Assim, $\mathcal{H}$ não é uma constante de movimento, bem como a energia não se conserva. Isso acontece porque o sistema não é fechado e, por isso, a energia mecânica que adicionamos encurtando a corda não está sendo contabilizada.

2.3 Teorema de Liouville

Como vimos, as variáveis canônicas são q_i e p_i, e o novo problema variacional tem $2n$ graus de liberdade. Desasa forma, precisamos de um espaço de $2n$ dimensões, chamado **espaço de fase**, para fazer uma representação geométrica do sistema, isto é, o estado do sistema é definido pelas coordenadas de posição e de momento do sistema. À medida que o tempo avança, esse ponto gera um caminho no espaço de fase.

(?) O que é

O espaço q-p é chamado **espaço de fase** e é formado por todos os pontos que descrevem as fases ou os estados do sistema. Em outras palavras, é uma forma de representar diferentes configurações que um sistema pode ter.

Na mecânica lagrangiana, falamos em *espaço de configurações*, em que usamos apenas a variável q_i. Nesse caso, como a velocidade não é especificada, se considerarmos todas as velocidades e todos os caminhos possíveis a partir de algum ponto inicial no espaço de configuração, teremos um número infinito de curvas, todas começando do mesmo ponto.

Na mecânica hamiltoniana, falamos em *espaço de fase*. Um ponto no espaço de fase representa um estado do sistema e evoluiu gerando um caminho representado pela solução do problema. O movimento pode iniciar em qualquer ponto do espaço de fase, mas, dado um ponto, que representa as condições iniciais do problema, o caminho fica unicamente determinado, pois o ponto inclui a coordenada de posição do sistema e seu momento conjugado.

Isso também implica que os caminhos no espaço de fase nunca se cruzam em razão da unicidade das soluções. Uma das vantagens dessa representação geométrica é permitir uma exposição ordenada das famílias de soluções, ou seja, da resolução geral do problema.

Podemos considerar que as n coordenadas generalizadas (q_i) e os n momentos conjugados (p_i) geram um espaço 2n-dimensional – por conveniência, escolhemos um espaço euclidiano. Este é o espaço de fase e consiste em uma poderosa ferramenta de análise de sistemas dinâmicos.

Se tivermos apenas um grau de liberdade, então um espaço bidimensional, gerado por x e p, determinará completamente o sistema mecânico. Consideremos, por exemplo, um oscilador harmônico simples, cuja hamiltoniana é a energia total $\mathcal{H} = T + V = E$, e:

Equação 2.71

$$\mathcal{H} = \frac{p^2}{2m} + \frac{1}{2}kx^2 = \text{constante}$$

Isso define uma trajetória elíptica no espaço de fase, sendo que cada elipse é associada a uma energia do oscilador, como mostra a Figura 2.5.

Figura 2.5 – Espaço de fase para um oscilador harmônico

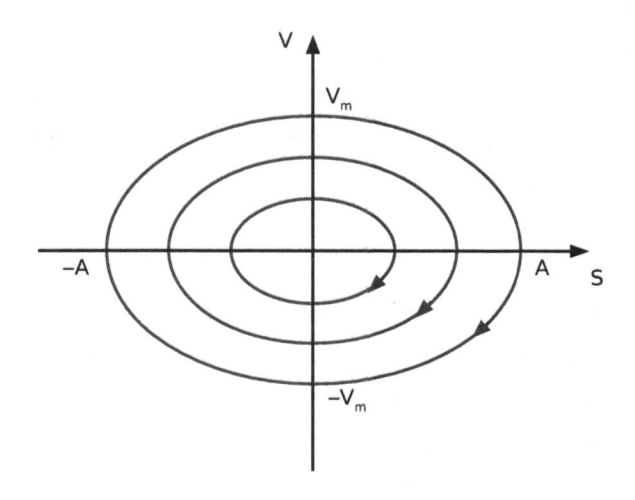

Exemplo 2.6

Determine o espaço de fase para uma partícula de massa m forçada a se mover na superfície de um cilindro sob a ação de um centro de força do Exemplo 2.4.

Solução

Nesse exemplo, temos n = 2 graus de liberdade, q e z. Portanto, o espaço de fase desse problema é 4-dimensional (2n). Entretanto, como p_q é uma constante de movimento, podemos representar apenas três desses graus de liberdade: θ, z e p_z.

Como obtivemos no Exemplo 2.4:

Equação 2.72

$$\ddot{z} + \omega^2 z = 0$$

Assim, ao longo do eixo z, o movimento é harmônico simples. A projeção no plano z-p_z do caminho no espaço de fase corresponde a uma elipse. Além disso, como p_θ é uma constante, teremos o caminho no espaço de fase aumentando uniformemente com θ e, para cada valor de energia $\mathcal{H}$ = constante, o caminho no espaço de fase gera uma espiral elíptica como a mostrada na Figura 2.6.

Figura 2.6 – Espiral elíptica

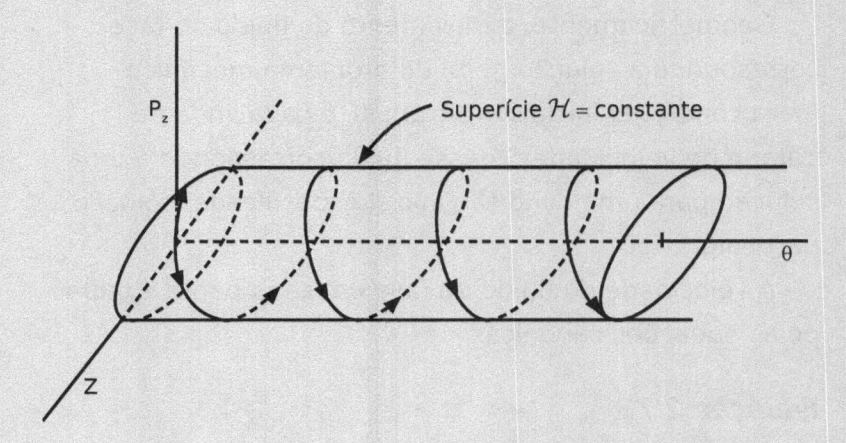

Essa imagem mostra o espaço de fase para uma partícula se movendo na superfície de um cilindro sujeita a um centro de força harmônico.

2.3.1 Fluido de fase

As abordagens geométrica e analítica do espaço de fase estão em completa analogia ao que se faz na mecânica dos fluidos. Na hidrodinâmica, ao descrevermos o movimento de um fluido, em vez de usarmos a descrição de suas partículas, usamos a relação de um campo de velocidades, que determina a velocidade dessa substância em cada ponto do espaço e em cada instante de tempo.

O paralelo com a descrição do sistema mecânico é completo; a única diferença é que temos *2n* coordenadas, ou seja, estamos descrevendo um fluido 2n-dimensional, que chamamos *fluido de fase*.

Geometricamente, o movimento do fluido de fase corresponde à solução geral do problema mecânico (para condições iniciais arbitrárias), e cada linha do "campo de velocidades" desse fluido corresponde a uma solução para uma condição inicial especificada (solução particular).

A velocidade do fluido de fase em cada ponto é dada pelas equações canônicas:

Equação 2.73

$$\dot{p}_i = -\frac{\partial \mathcal{H}}{\partial q_i}, \dot{q}_i = \frac{\partial \mathcal{H}}{\partial p_i}$$

Essas equações podem ser interpretadas como definindo o campo de velocidades de um fluido real.

Tanto no estudo da hidrodinâmica quanto no fluido de fase, estamos, geralmente, interessados em um tipo de movimento que chamamos *estacionário*, no qual a velocidade de cada ponto do fluido é independente do tempo.

Em outras palavras, apesar de o fluido estar em movimento e suas partículas constituintes estarem constantemente mudando suas posições, a velocidade em cada ponto espacial da substância é constante. A analogia no caso do fluido de fase na mecânica hamiltoniana é a situação em que $\mathcal{H}$ não depende explicitamente do tempo, ou seja, o sistema é escleronômico:

Equação 2.74

$$\mathcal{H} = \mathcal{H}(q_1, \ldots, q_n; p_1, \ldots, p_n)$$

Isso quer dizer que o fluido de fase, em um estado estacionário de movimento, descreve um sistema mecânico conservativo, pois:

Equação 2.75

$$\frac{d\mathcal{H}}{dt} = \sum_i^n \left(\frac{\partial \mathcal{H}}{\partial q_i} \dot{q}_i + \frac{\partial \mathcal{H}}{\partial p_i} \dot{p}_i \right) = \sum_i^n \left(-\dot{p}_i \dot{q}_i + \dot{q}_i \dot{p}_i \right) = 0$$

Note que o teorema de conservação da energia tem uma interpretação geométrica interessante no movimento do fluido de fase, pois $\mathcal{H}(q_1, \ldots, q_n; p_1, \ldots, p_n) = E$ representa uma superfície 2n-dimensional e, para cada valor constante de E, temos uma família de superfícies que preenchem o espaço de fase.

Além disso, o teorema de conservação de energia significa que uma partícula desse fluido (ponto do espaço de fase) que começa seu movimento (caminho no espaço de fase) em determinada superfície de energia permanecerá nessa superfície por todo o seu movimento (evolução temporal do sistema).

2.3.2 Demonstração do teorema de Liouville

Com base em nossa interpretação do espaço de fase em termos de um fluido de fase, podemos reinterpretar o significado de incompressibilidade do fluido real. Sabemos que, se um fluido é incompressível, então seu campo de velocidades tem divergente nulo, ou seja, $\nabla \cdot v = 0$.

Em nosso fluido de fase, as componentes do campo são $\dot{q}_i$ e $\dot{p}_i$, e a condição de incompressibilidade para o fluido de fase 2n-dimensional se escreve como:

Equação 2.76

$$\sum_i^n \left(\frac{\partial \dot{q}_i}{\partial q_i} + \frac{\partial \dot{p}_i}{\partial p_i} \right) = 0$$

O volume no espaço de fase é definido por:

Equação 2.77

$$V = \int dq_1, ..., dq_n; dp_1, ..., dp_n$$

Aplicando o teorema do divergente generalizado para um espaço 2n-dimensional, obtemos:

Equação 2.78

$$\frac{dV}{dt} = \int \sum_i^n \left(\frac{\partial \dot{q}_i}{\partial q_i} + \frac{\partial \dot{p}_i}{\partial p_i} \right) dq_1, \ldots, dq_n ; dp_1, \ldots, dp_n = 0$$

O teorema do divergente transforma a integral do volume do divergente de um campo vetorial em uma integral de superfície do fluxo desse campo, e podemos concluir que o fluxo total do fluido de fase sobre uma superfície fechada arbitrária é sempre zero. Assim, mesmo que uma região do fluido de fase mude de forma (se distorça) durante o movimento, o volume de pontos dessa porção do fluido de fase se mantém constante. Esse resultado é chamado de **teorema de Liouville**.

Este teorema é particularmente útil em mecânica estatística, em que o sistema contém um número muito grande de partículas, e determinar as condições iniciais das partículas constituintes do sistema se torna impraticável por causa do grande número de graus de liberdade. Além disso, não se pode identificar um ponto no espaço de fase como representativo do estado do sistema.

Nesse caso, toma-se uma coleção de pontos do espaço de fase, cada um representando um possível estado do sistema, e, em vez de estudarmos os detalhes do movimento de uma partícula isolada, analisamos um *ensemble* de sistemas equivalentes. Em outras palavras, tomamos o conjunto de pontos do espaço de fase como uma coleção de sistemas equivalentes, com cada ponto representando um sistema independente em um possível estado. Esse é o início da abordagem da mecânica estatística, em que os parâmetros de interesse são calculados como médias no *ensemble*.

2.4 Teorema do virial

Uma proposição válida para uma grande variedade de sistemas de natureza estatística é o teorema do virial. Esse teorema determina que, para um sistema com movimento limitado e conservativo, o valor médio da energia cinética é proporcional ao valor médio da energia potencial.

Considere um sistema de partículas interagentes de massa *m* cujas posições são dadas pelos vetores r_i. Essas partículas estão sob a ação de forças F_i, de modo que a equação de movimento é:

Equação 2.79

$$\dot{p}_i = F_i$$

Assim, definimos a grandeza da seguinte forma:

Equação 2.80

$$S \equiv \sum_i p_i \cdot r_i$$

Nessa equação, a soma é feita sobre todas as partículas do sistema. A derivada total dessa grandeza em relação ao tempo resulta em:

Equação 2.81

$$\frac{dS}{dt} \equiv \sum_i \left(\dot{p}_i \cdot r_i + p_i \cdot \dot{r}_i \right)$$

O segundo termo do lado direito dessa equação é o dobro da energia cinética do sistema de partículas, pois:

Equação 2.82

$$\sum_i p_i \cdot \dot{r}_i = \sum_i m\dot{r}_i \cdot \dot{r}_i = \sum_i mv_i^2 = 2T$$

Nesse caso, o primeiro termo é:

Equação 2.83

$$\sum_i \dot{p}_i \cdot r_i = \sum_i F_i \cdot r_i$$

Então, podemos reescrever a Equação 2.81 da seguinte maneira:

Equação 2.84

$$\frac{d}{dt} \sum_i p_i \cdot r_i = \sum_i F_i \cdot r_i + 2T$$

Se calcularmos a média temporal, integrando no tempo os dois lados dessa equação sobre um intervalo de tempo τ e dividindo por esse intervalo de tempo, obteremos:

Equação 2.85

$$\overline{\frac{dS}{dt}} = \frac{1}{\tau}\int_0^\tau \frac{dS}{dt}dt = \frac{S(\tau) - S(0)}{\tau}$$

Portanto:

Equação 2.86

$$\overline{\sum_i F_i \cdot r_i} + \overline{2T} = \frac{S(\tau) - S(0)}{\tau}$$

Nessa equação, a barra indica a média temporal das grandezas.

Se o movimento for periódico, poderemos tomar τ como um múltiplo do período, e o lado direito da equação se anulará. Entretanto, mesmo se o movimento não for periódico, mas limitado, ou seja, se os valores para coordenadas e velocidades forem sempre finitos, poderemos tomar um τ suficientemente grande para que o lado direito da equação seja tão próximo de zero quanto se queira.

Em ambos os casos, temos que:

Equação 2.87

$$\overline{T} = -\frac{1}{2}\overline{\sum_i F_i \cdot r_i}$$

Essa equação é conhecida como **teorema do virial**. O lado direito foi chamado de *virial* do sistema por Rudolf Clausius (1822-1888). A conclusão é que a **energia cinética média de um sistema de partículas é igual a seu virial**.

Exemplo 2.7

O teorema do virial é muito importante na teoria cinética dos gases, pois permite a derivação da lei geral dos gases ideais.

Consideramos um gás ideal composto por N átomos confinados em um recipiente de volume V a uma temperatura absoluta T_s. Pelo teorema da equipartição, a energia cinética média de cada átomo do gás é $\frac{3}{2}k_B T_s$, em que k_B é a constante de Boltzmann.

Para o gás composto por N átomos, teremos, então:

Equação 2.88

$$\bar{T} = \frac{3}{2} N k_B T_s$$

O virial F_i inclui tanto as forças de interação entre as partículas quanto as forças de vínculo. Por definição, um gás ideal é composto por partículas independentes entre si, ou seja, podemos desprezar as forças entre as partículas constituintes desse gás.

De fato, a única interação no gás ideal ocorre nas colisões entre as partículas, que, para baixas densidades, têm probabilidade muito pequena de ocorrer e podem ser negligenciadas. A única força que as partículas do gás experimentam, portanto, é a força de vínculo imposta a elas pelas paredes do recipiente.

A soma das forças exercidas pelas colisões dos átomos com as superfícies do recipiente que as contém dá origem à pressão do gás. Podemos escrever, então:

Equação 2.89

$$\overline{\sum_i F_i \cdot r_i} = \int -P\hat{n} \cdot r dA$$

Aplicando o teorema do divergente, obtemos:

Equação 2.90

$$\int \hat{n} \cdot r dA = \int \nabla \cdot r dV = 3V$$

Assim, o teorema do virial para o gás ideal fica:

Equação 2.91

$$\frac{3}{2}Nk_B T_s = \frac{3}{2}PV$$

Essa equação fornece a lei geral dos gases ideais:

Equação 2.92

$$PV = Nk_B T_s$$

Exemplo 2.8

O teorema do virial da mecânica clássica tem sido aplicado com sucesso em grande número de problemas, desde a física molecular, a mecânica estatística, a mecânica quântica e a cosmologia. Um problema eficientemente tratado pelo teorema do virial é o da temperatura no interior de uma estrela.

Determine a temperatura de uma estrela considerando que ela tem raio R e massa M, de modo que o potencial gravitacional em seu interior é dado por:

Equação 2.93

$$V = -\frac{3GM^2}{5R}$$

Solução

Supondo que um átomo no interior da estrela tem energia cinética dada por:

Equação 2.94

$$\bar{T} = \frac{3}{2} k_B \bar{T}_s$$

De acordo com o teorema da equipartição, k_B, mais uma vez, é a constante de Boltzmann, e $\bar{T}_s$ é a temperatura média no interior da estrela. Identificando o potencial gravitacional no interior da estrela com o virial do sistema, temos, então:

Equação 2.95

$$-\frac{1}{2}\overline{\sum_i F_i \cdot r_i} = \frac{3GM^2}{10R} = \frac{3}{2}Nk_B \overline{T}_s$$

Nesse caso, N é o número total de átomos na estrela. Logo:

Equação 2.96

$$\overline{T}_s = \frac{3GM^2}{5Nk_B R} = \frac{3GMm}{5k_B R}$$

Nessa equação, $\frac{m}{N}$ é a massa média de um átomo da estrela.

O Sol, uma estrela típica, contém, predominantemente, átomos de hidrogênio (~61%) e de hélio (~38%), de modo que $m \sim 2{,}2 \cdot 10^{-27}$ kg. Usando a massa solar de $M = 2 \cdot 10^{30}$ kg e seu raio da ordem de $7 \cdot 10^7$ km, chegamos a uma temperatura da ordem de 10^7 K, que coincide com estimativas baseadas em outros métodos mais complexos.

Para o caso de sistemas em que a força deriva de um potencial, podemos reescrever o teorema do virial como:

Equação 2.97

$$\overline{T} = \frac{1}{2}\overline{\sum_i \nabla U \cdot r_i}$$

Se temos o caso particular de uma partícula sob a ação de uma força central, isto é, $U = ar^n$, então:

Equação 2.98

$$\sum_i \nabla U \cdot r_i = \nabla U \cdot r = r\frac{\partial U}{\partial r} = anr^n = nU$$

Assim, obtemos:

Equação 2.99

$$\bar{T} = \frac{n}{2}\bar{U}$$

Essa expressão é muito útil no cálculo de energia em movimentos planetários.

Para saber mais

HAMILL, P. **A Student's Guide to Lagrangians and Hamiltonians**. Cambridge: Cambridge University Press, 2014.

Essa obra é essencial para o aprofundamento no estudo da dinâmica hamiltoniana. Em especial, ela apresenta, no Capítulo 5, uma classe de transformações que preserva a forma das equações de Hamilton, as chamadas *transformações canônicas*, e uma poderosa ferramenta nesse estudo que são os parênteses de Poisson.

Síntese

Neste capítulo, abordamos os seguintes temas:

- **Função hamiltoniana**

    A função hamiltoniana é definida como:

    $$\mathcal{H} = \sum_i \dot{q}_i \frac{\partial \mathcal{L}}{\partial \dot{q}_i} - \mathcal{L}$$

    Se a energia potencial do sistema depender apenas das coordenadas e as relações de transformação entre as coordenadas retangulares x_i e as coordenadas generalizadas q_i não envolverem, explicitamente, o tempo, a hamiltoniana $\mathcal{H}$ será igual à energia total do sistema.

- **Momentos generalizados**

    O i-ésimo momento generalizado p_i é definido por:

    $$p_i = \frac{\partial \mathcal{L}}{\partial \dot{q}_i}$$

    Se $\frac{\partial \mathcal{L}}{\partial q_i} = 0$, dizemos que a coordenada q_i é uma coordenada cíclica e seu momento conjugado p_i é uma constante do movimento.

- **Equações de Hamilton**

    A evolução no tempo de um sistema físico é dada pelas equações de Hamilton:

$$\dot{q}_i = \frac{\partial \mathcal{H}}{\partial p_i}, \dot{p} = -\frac{\partial \mathcal{H}}{\partial q_i}$$

- **Espaço de fase**

O espaço de fase de um sistema é o espaço bidimensional com pontos (q_i, p_i), definido pelas n coordenadas generalizadas (q_i) e pelos n momentos conjugados correspondentes (p_i).

Um ponto nesse espaço representa um estado do sistema. Uma órbita no espaço de fase é o caminho traçado no espaço de fase por um sistema à medida que o tempo evolui.

Se considerarmos um grande número de pontos no espaço de fase representando sistemas idênticos em estados ligeiramente diferentes em dado instante de tempo, esses pontos no espaço de fase poderão ser vistos como um fluido, o fluido de fase.

Mesmo que uma região do fluido de fase mude de forma (se distorça) durante a evolução do tempo, o volume de pontos dessa porção do fluido de fase se mantém constante. Esse resultado é chamado de teorema de Liouville.

- **Teorema do virial**

Para um sistema com movimento limitado e conservativo, o valor médio da energia cinética é proporcional ao valor médio da energia potencial:

$$\overline{T} = -\frac{1}{2}\overline{\sum_i F_i \cdot r_i}$$

O lado direito dessa equação é chamado de *virial do sistema*.

Questões para revisão

1) Se a hamiltoniana de um sistema com dois graus de liberdade é $\mathcal{H} = \dfrac{(p_x - y)^2 + (p_y + x)^2}{2m}$, então a(s) quantidade(s) conservada(s) é(são):
   a) somente $\mathcal{H}$.
   b) $\mathcal{H}$, p_x e p_y.
   c) $\mathcal{H}$ e $\mathcal{L}_z$
   d) $\mathcal{H}$, p_x, p_y e $\mathcal{L}_z$.
   e) Nenhuma grandeza é conservada.

2) Se a hamiltoniana de um sistema é dada por $\mathcal{H} = \dfrac{p^2}{2m}e^{-rt} + \dfrac{1}{2}m\omega^2 x^2 e^{rt}$, ela descreve o movimento de:
   a) um oscilador harmônico.
   b) um oscilador harmônico amortecido.
   c) um oscilador inarmônico.
   d) um sistema com movimento não limitado.
   e) uma partícula em queda livre com resistência do ar.

3) A hamiltoniana de um sistema com um grau de liberdade é $\mathcal{H} = \sqrt{p^2 + 1} - x$. A forma do gráfico x versus t, nesse caso, é:
a) uma hipérbole.
b) uma parábola.
c) uma elipse.
d) uma linha reta.
e) uma espiral.

4) Obtenha a função hamiltoniana do cilindro descendo um plano inclinado como o mostrado na figura a seguir.

Figura 2.7 – Cilindro descendo um plano inclinado

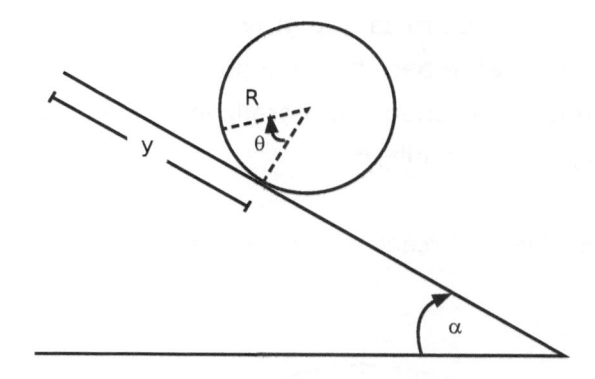

5) Considerando uma partícula de massa m que se move sob a ação de um campo de forças conservativo U e utilizando coordenadas cartesianas, encontre a função hamiltoniana e mostre que as equações canônicas se reduzem às equações de Newton de movimento.

6) Considerando uma partícula de massa *m* que se move sob a ação de um campo de forças conservativo central U(r) e utilizando coordenadas polares (r, φ), encontre a função hamiltoniana e as equações de Hamilton.

7) Uma partícula de massa *m* se move no eixo *x* sob a ação da força $F(x, t) = \dfrac{k}{x^2} e^{-\left(\frac{t}{\tau}\right)}$ com *k* e τ constantes. Obtenha a função hamiltoniana da partícula e compare o resultado com a energia total do sistema.

8) Considere uma massa *r* que é forçada a se mover na superfície sem atrito de um cone vertical com r = cz, no qual as coordenadas cilíndricas são *r*, θ, *z* (com z > 0) em um campo gravitacional uniforme *g* verticalmente para baixo (Figura 2.8). Usando *z* e θ como coordenadas generalizadas, encontre as equações de Hamilton.

Figura 2.8 – Massa forçada a se mover em um cone

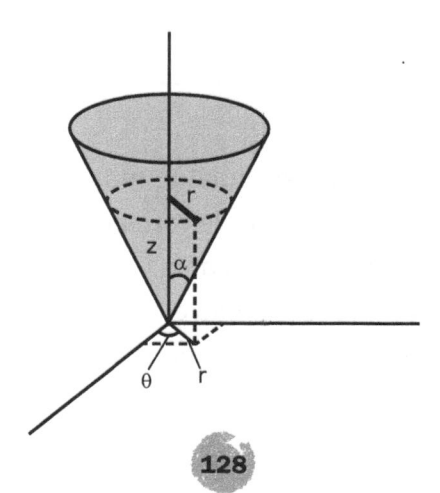

9) Encontre a hamiltoniana para a máquina de Atwood mostrada na figura a seguir, na qual a polia tem raio a. Use x como coordenada generalizada.

Figura 2.9 – Polia

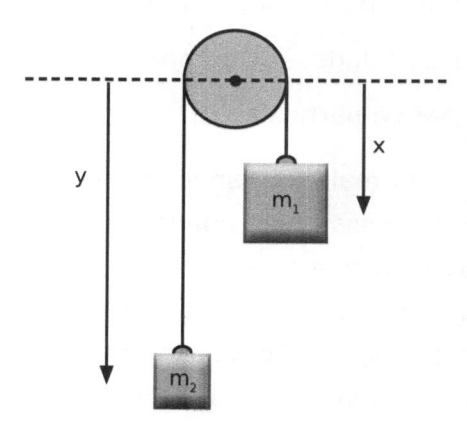

10) Uma conta de massa m se move sem atrito em um arame que está dobrado em uma hélice, com coordenadas polares cilíndricas (r, θ, z) satisfazendo $z = c\theta$ e $r = a$, com c e a constantes. Usando θ como coordenada generalizada, encontre a hamiltoniana e as equações de Hamilton do sistema.

11) Um sistema formado por duas partículas de massas m_1 e m_2 conectadas por uma mola de comprimento b e constante elástica k está em repouso sobre uma mesa lisa e pode oscilar e girar. Com base nesses dados, determine:

a) As equações de Lagrange do movimento.
b) Os momentos generalizados associados com coordenadas cíclicas.
c) As equações de Hamilton.

12) Considere uma partícula de massa m atraída por uma força de intensidade $\frac{k}{r^2}$. Obtenha as equações de Hamilton para a partícula.

13) Considere o formalismo hamiltoniano para uma partícula de massa m em queda livre, a coordenada x, medida para baixo a partir de uma origem escolhida arbitrariamente (e que seja conveniente) e seu momento conjugado. Com base nesses dados, descreva as órbitas do espaço de fase e esboce as órbitas do tempo inicial $t = 0$ até um momento posterior t para as seguintes condições iniciais:
a) $x_0 = 0$, $p_0 = 0$.
b) $x_0 = X$, $p_0 = 0$.
c) $x_0 = X$, $p_0 = P$.
d) $x_0 = 0$, $p_0 = P$.

14) Note que as condições iniciais da questão 10 formam um volume (bidimensional) no espaço de fase. Dessa forma, discuta o teorema de Liouville para esse caso.

15) Obtenha as equações de Hamilton para um oscilador inarmônico $U = \frac{kx^2}{2} + \frac{bx^4}{4}$, com k e b constantes.

16) Considere um elétron de carga e massa m em uma órbita circular de raio r em torno de um próton fixo de carga $+e$. Lembrando que o elétron está sob a ação do potencial coulombiano $\dfrac{ke^2}{r^2}$ e que a força de Coulomb gera sua aceleração centrípeta, mostre que a energia cinética do elétron é igual a $-\dfrac{1}{2}$ vez sua energia potencial, satisfazendo ao teorema do virial.

Questão para reflexão

1) Pesquise e discuta com seus colegas a relação entre a hamiltoniana e a enegia de um sistema físico. Elas são iguais? Se sim, há restrições?

Sugestão: analise o caso de uma partícula sob a ação da força de Lorentz.

Dinâmica de um sistema de partículas

3

Conteúdos do capítulo:

- Centro de massa.
- Momento linear do sistema.
- Momento angular do sistema.
- Energia do sistema.
- Movimento com massa variável.

Após o estudo deste capítulo, você será capaz de:

1. identificar o centro de massa de um sistema de partículas;
2. expressar os momentos linear e angular de um sistema de partículas;
3. construir uma descrição do movimento do corpo rígido em termos do movimento do centro de massa;
4. descrever a energia cinética do sistema de partículas;
5. aplicar a descrição e a análise de um sistema de partículas ao estudo de colisões;
6. reconhecer a importância da seção de choque em uma colisão;
7. interpretar resultados e realizar previsões de fenômenos relativísticos;
8. elaborar expressões para a seção de choque.

Neste capítulo, veremos o comportamento de sistemas mecânicos formados por duas ou mais partículas sob a ação de forças externas e internas.

As forças internas são exercidas pelas partículas umas sobre as outras (aos pares), ao passo que as forças externas agem sobre as partículas do sistema por um agente exterior. Devemos assumir que as forças internas respeitam a terceira lei de Newton em sua forma original (versão fraca): as forças que duas partículas exercem uma sobre a outra têm mesmo módulo e sentidos opostos, como ilustrado na Figura 3.1.

Figura 3.1 – Força entre duas partículas

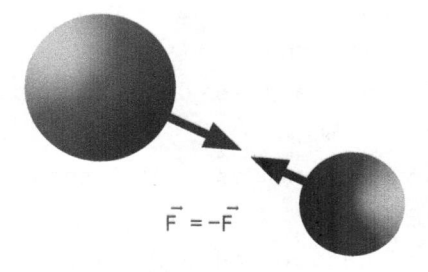

$$\vec{F} = -\vec{F}$$

Na versão forte da terceira lei de Newton, a força entre duas partículas deve ter seu eixo de ação ao longo da linha reta que une as partículas, além de ter mesmo módulo e direção oposta.

3.1 Centro de massa

Consideramos um sistema composto de N partículas de massa *m* (Figura 3.2).

Figura 3.2 – Sistema de partículas e seu centro de massa

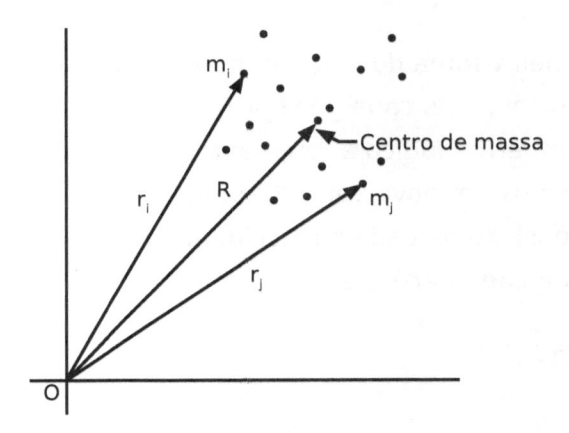

A força total agindo sobre a i-ésima partícula é a soma entre as forças de todas as N – 1 partículas do sistema e a força externa total; assim, podemos escrever a segunda lei de Newton para a partícula como:

Equação 3.1

$$\sum_{j}^{N} f_{ij} + F_i = \dot{p}_i$$

Nessa equação, $\dot{p}_i$ é o momento linear, F_i representa a força externa sobre a i-ésima partícula e f_{ij} é a força na i-ésima em razão da j-ésima.

Somando todas as partículas, obtemos:

Equação 3.2

$$\frac{d^2}{dt^2}\sum_i^N m_i r_i = \sum_{\substack{i,j \\ i\neq j}}^N f_{ij} + \sum_i^N F_i$$

A primeira soma do lado direito se anula pela terceira lei de Newton, pois cada par $f_{ij} + f_{ji} = 0$, ao passo que o segundo termo indica a força externa total **F**.

Definimos um novo vetor **R** como uma média dos vetores posição de cada partícula, ponderada pelas massas de cada partícula:

Equação 3.3

$$R = \frac{\sum_i^N m_i r_i}{\sum_i^N m_i} = \frac{\sum_i^N m_i r_i}{M}$$

Nessa equação, M é a massa total do sistema de partículas e o vetor **R** define um ponto do sistema chamado **centro de massa**, um ponto hipotético no qual toda a massa de um objeto pode ser considerada concentrada para visualizar seu movimento.

O que é

O **centro de massa** é uma posição definida em relação a um objeto ou a um sistema de objetos e representa o único ponto em que a posição relativa (ponderada da massa distribuída) é zero. Apesar de o centro de massa do corpo ser um ponto unicamente definido, sua posição **R** depende do sistema de coordenadas escolhido.

Com essa definição, podemos escrever a equação de movimento do conjunto de partículas:

Equação 3.4

$$M\frac{d^2\mathbf{R}}{dt^2} = \mathbf{F}$$

Essa equação mostra que o centro de massa do sistema se move como se toda a massa do sistema se concentrasse nesse ponto, ou seja, move-se segundo a equação de movimento de uma partícula com massa M sob a ação de uma força externa **F**.

Exemplo 3.1

Determine o centro de massa de um hemisfério sólido de densidade constante (Figura 3.3).

Figura 3.3 – Hemisfério sólido de densidade constante

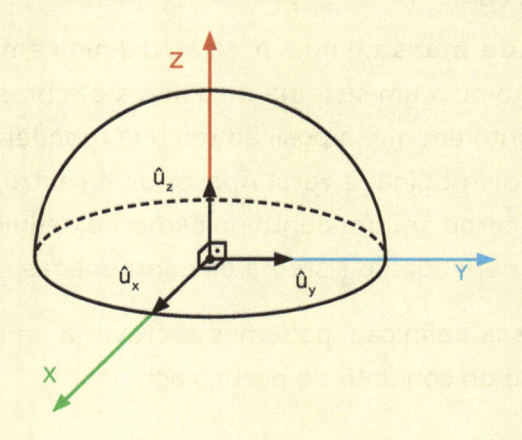

Solução

A definição do vetor **R** para a determinação do centro de massa pode ser estendida para o caso de uma distribuição contínua de massa:

Equação 3.5

$$\mathbf{R} = \frac{1}{M} \int_v \mathbf{r}\, dm$$

É conveniente escolher a origem do sistema de coordenadas aproveitando a simetria do objeto, como ilustra a Figura 3.3. Assim, para as coordenadas *x* e *y*, temos integrais de funções ímpares com limites simétricos e, portanto:

$$X = \frac{1}{M}\int_{-a}^{a} x\, dm = y = \frac{1}{M}\int_{-a}^{a} y\, dm = 0$$

Para o eixo z, escrevemos o elemento de volume como fatias circulares de espessura dy, conforme a Figura 3.4:

$$dV = A_{base}dz = \rho \pi y^2 dz = \rho \pi (a^2 - z^2)dz$$

Figura 3.4 – Elemento de volume do hemisfério sólido

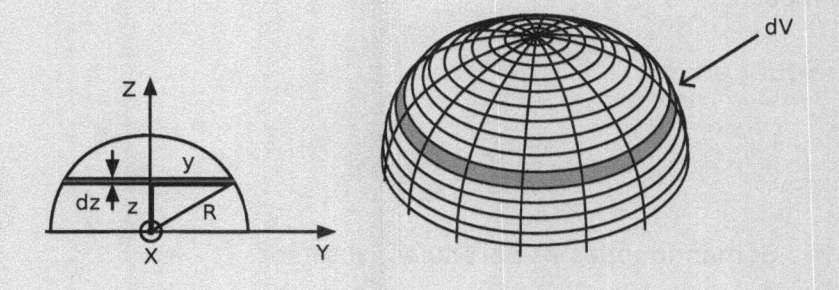

O elemento de massa, então, fica assim:

$$dm = \rho dV = \rho \pi (a^2 - z^2)dz$$

Usando esses resultados, obtemos:

$$Z = \frac{1}{M}\int_0^a z\, dV = \frac{1}{M}\int_0^a \rho \pi (a^2 - z^2) z\, dz$$

Considerando $V = \frac{2\pi a^3}{3}$, chegamos a:

$$Z = \frac{\rho \pi a^4}{4M} = \frac{3a}{8}$$

O vetor posição do centro de massa é, então,

$$\mathbf{R} = \left(0, 0, \frac{3a}{8}\right).$$

3.2 Momento linear do sistema de partículas

Na seção anterior, escrevemos a segunda lei de Newton para a i-ésima partícula de um sistema composto por N partículas:

Equação 3.6

$$\frac{d\mathbf{p}_i}{dt} = \sum_j^N \mathbf{f}_{ij} + \mathbf{F}_i$$

Somando todas as partículas, obtemos:

$$\sum_i^N \frac{d\mathbf{p}_i}{dt} = \sum_{\substack{i,j \\ i \neq j}}^N \mathbf{f}_{ij} + \sum_i^N \mathbf{F}_i$$

Equação 3.7

$$\frac{d}{dt}\sum_i^N \mathbf{p}_i = \mathbf{F}$$

Nessa equação, a soma sobre as forças internas $\mathbf{f}_{ij}$ é nula pela terceira lei de Newton, e $\mathbf{F}$ é a força externa total agindo sobre o sistema de partículas.

Em seguida, definimos o vetor:

Equação 3.8

$$\mathbf{P} = \sum_i^N \mathbf{p}_i$$

Devemos usa o momento line total do sistema, de modo que:

Equação 3.9

$$\frac{d\mathbf{P}}{dt} = \mathbf{F}$$

Essa é a expressão da segunda lei de Newton aplicada ao sistema de partículas. O momento linear total do sistema **P** pode ser identificado como o momento linear do centro de massa do sistema de partículas, pois:

Equação 3.10

$$\mathbf{P} = \sum_i^N \mathbf{p}_i = \sum_i^N m_i \mathbf{v}_i = \sum_i^N m_i \frac{d\mathbf{r}_i}{dt}$$

Ou seja:

Equação 3.11

$$\mathbf{P} = M\frac{d\mathbf{R}}{dt}$$

Isso representa a massa vezes a velocidade do centro de massa do sistema[1]. Assim, concluímos que o momento

---

1 Esse resultado só é válido para o caso de sistemas com massa constante ou formado por partículas de mesma massa.

linear do sistema é o mesmo de uma única partícula de massa M localizada na posição do centro de massa.

3.2.1 Conservação do momento linear do sistema de partículas

Se a força externa total agindo sobre um sistema de partículas é zero, o momento linear é conservado:

Equação 3.12

$$\frac{d\mathbf{P}}{dt} = \mathbf{F} = \mathbf{0} \Rightarrow \mathbf{P} = \text{constante}$$

Note que forças puramente internas não terão efeito na dinâmica do centro de massa se elas obedecerem à terceira lei de Newton. Um exemplo típico é o caso de uma bomba que explode e, contudo, o centro de massa do sistema formado pelos fragmentos continua a se mover como antes da explosão.

Em outras palavras, o movimento do centro de massa permanece inalterado pela explosão, uma vez que as forças internas não influenciam seu movimento, como ilustrado na Figura 3.5, na qual o centro de massa é designado pela sigla CM.

Figura 3.5 – Movimento do centro de massa inalterado

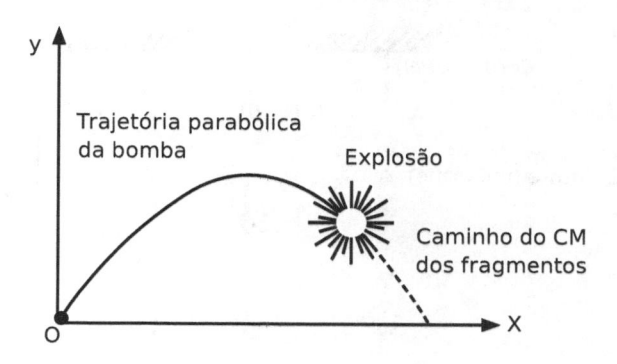

Trajetória parabólica da bomba
Explosão
Caminho do CM dos fragmentos

Exemplo 3.2

Uma corrente uniforme de comprimento L e densidade linear de massa λ é suspensa em uma extremidade A por um fio leve e inextensível. A outra extremidade da corrente, B, é mantida em repouso no nível da extremidade A (Figura 3.6). A extremidade B da corrente é, então, solta sob a ação da gravidade. Assumindo que se trata de uma queda livre, determine a tensão na corda quando a extremidade B cai a uma distância y.

Figura 3.6 – Corrente uniforme

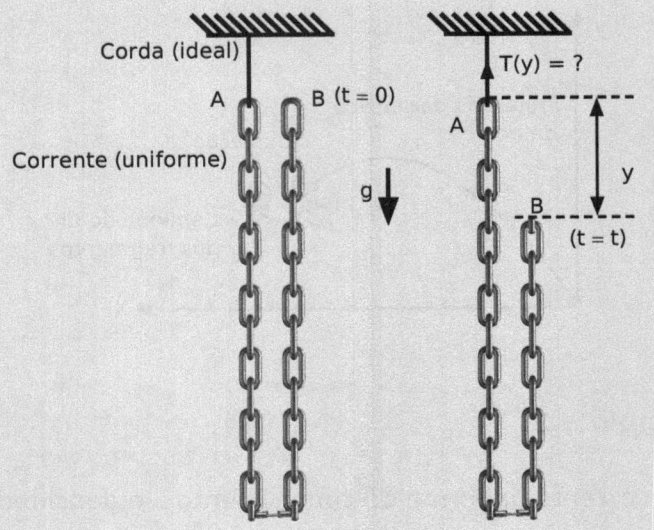

Solução

Por hipótese, depois de o ponto B ser liberado, as únicas forças agindo no sistema são a tensão T no ponto A, apontando verticalmente para cima, e a força gravitacional Mg, que puxa a corrente para baixo. O momento P do centro de massa do sistema se relaciona com essas forças pela segunda lei de Newton:

$$\dot{P} = Mg - T$$

A massa da porção do lado direito da corrente é $\frac{\lambda(b-y)}{2}$, que cai com velocidade $\dot{y}$. Como o lado esquerdo da corrente não se move, o momento total do sistema será:

$$P = \lambda\left(\frac{b-y}{2}\right)\dot{y}$$

Logo:

$$\dot{P} = \frac{\lambda}{2}\left(-\dot{y}^2 + \ddot{y}b - \ddot{y}y\right)$$

Na queda livre, temos:

$$y = \frac{gt^2}{2}$$

$$\dot{y} = gt = \sqrt{2gy} \text{ e } \ddot{y} = g$$

Portanto:

$$\dot{P} = \frac{\lambda g(b-3y)}{2} = Mg - T$$

Finalmente, chegamos a:

$$T = \frac{Mg}{2}\left(1 + \frac{3y}{b}\right)$$

3.3 Momento angular do sistema de partículas

O momento angular do sistema é obtido somando-se todas as contribuições $r_i \times p_i$ sobre todas as partículas que formam o sistema:

Equação 3.13

$$\mathbf{L} = \sum_i^N \mathbf{r}_i \times \mathbf{p}_i$$

Da segunda lei de Newton, $\dot{\mathbf{p}}_i = \sum_j^N \mathbf{f}_{ij} + \mathbf{F}_i$, podemos escrever:

Equação 3.14

$$\sum_i^N \mathbf{r}_i \times \dot{\mathbf{p}}_i = \sum_i^N \frac{d}{dt}(\mathbf{r}_i \times \mathbf{p}_i) = \dot{\mathbf{L}} = \sum_i^N \mathbf{r}_i \times \mathbf{F}_i + \sum_{\substack{i,j \\ i \neq j}}^N \mathbf{r}_i \times \mathbf{f}_{ij}$$

Nessa equação, usamos $\dot{\mathbf{r}}_i \times \mathbf{p}_i = 0$. Podemos rearranjar o último termo da expressão em uma soma de pares:

Equação 3.15

$$\mathbf{r}_i \times \mathbf{f}_{ij} = \mathbf{r}_i \times \mathbf{f}_{ji} + \mathbf{r}_j \times \mathbf{f}_{ij} = (\mathbf{r}_i - \mathbf{r}_j) \times \mathbf{f}_{ji}$$

Temos que $\mathbf{f}_{ij} = -\mathbf{f}_{ji}$ por ação/reação. Também identificamos os termos $\mathbf{r}_{ij} = \mathbf{r}_i - \mathbf{r}_j$ com o vetor distância entre as partículas *i* e *j*, conforme a Figura 3.7.

Figura 3.7 – Vetor distância $\mathbf{r}_{ij}$ entre as partículas *i* e *j*

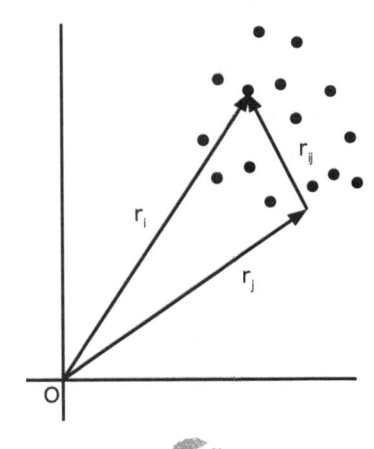

Segue que, se as forças internas forem iguais e opostas e atuarem na linha que conecta as duas partículas, todos os termos desse produto cruzado se anularão. Essa condição é conhecida como *versão forte da terceira lei de Newton*[2].

Reescrevemos a Equação 3.13 da seguinte maneira:

Equação 3.16

$$\frac{d\mathbf{L}}{dt} = \mathbf{N}$$

Nessa equação, $\mathbf{N} = \sum_{i}^{N} \mathbf{r}_i \times \mathbf{F}_i$ é o **torque** externo total atuando sobre o sistema.

3.3.1 Conservação do momento angular do sistema de partículas

Se o torque externo total agindo sobre um sistema de partículas for zero, o momento angular será conservado:

---

[2] Vimos que a conservação do momento linear exige apenas a validade da versão fraca da terceira lei de Newton, ao passo que a conservação do momento angular assume a validade da versão forte, isto é, as forças internas devem ser centrais. Muitas das forças da natureza satisfazem à versão forte da terceira lei de Newton, entretanto existem aquelas cujas reações são iguais e opostas, sem que elas sejam centrais. O principal exemplo é o caso de partículas carregadas em movimento.

Equação 3.17

$$\frac{d\mathbf{L}}{dt} = \mathbf{N} = 0 \Rightarrow \mathbf{L} = \text{constante}$$

Essa equação, como no caso do momento linear, é um teorema de conservação de uma grandeza vetorial, ou seja, vale para cada componente do vetor individualmente (ver exemplo da Figura 2.6).

É importante notar que tanto o torque quanto o momento angular são dados em relação a um sistema de referência por meio do qual se medem as posições das partículas. É útil, nesse caso, obter uma expressão para o momento angular do sistema de partículas em relação a seu centro de massa.

Dado um sistema de referência com origem O cuja posição do centro de massa é **R** e a posição da i-ésima partícula em relação ao centro de massa é $\mathbf{r}'_i$, como mostra a Figura 3.8, temos:

Equação 3.18

$$\mathbf{r}_i = \mathbf{R} + \mathbf{r}'_i$$

E ainda:

Equação 3.19

$$\mathbf{v}_i = \mathbf{V} + \mathbf{v}'_i$$

Nessa equação, $V = \dfrac{dR}{dt}$ é a velocidade do centro de massa, e $v'_i = \dfrac{dr'_i}{dt}$ é a velocidade da i-ésima partícula no referencial do centro de massa.

Figura 3.8 – Relação entre os vetores posição para um sistema de partículas

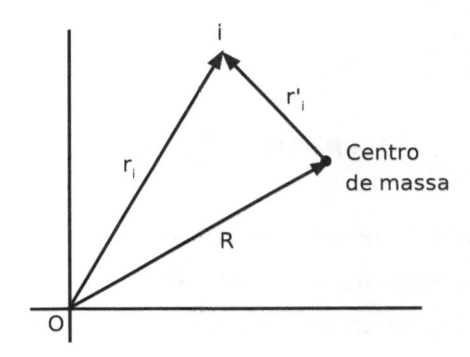

Escrevemos o momento angular do sistema de partículas em relação à origem desse sistema de referência como:

Equação 3.20

$$L = \sum_i^N r_i \times m_i v_i = \sum_i^N R \times m_i V + \sum_i^N r'_i \times m_i v'_i + \sum_i^N r'_i \times m_i V + \sum_i^N R \times m_i v'_i$$

Podemos reescrever essa equação da seguinte forma:

Equação 3.21

$$L = R \times MV + \sum_{i}^{N} r'_i \times m_i v'_i + \left(\sum_{i}^{N} m_i r'_i \right) \times V + R \times \frac{d}{dt} \sum_{i}^{N} m_i r'_i$$

Os dois últimos termos dessa expressão se anulam, uma vez que $\sum_{i}^{N} m_i r'_i$ representa a posição do centro de massa no referencial do centro de massa. Logo:

Equação 3.22

$$L = R \times MV + \sum_{i}^{N} r'_i \times p'_i$$

Isso significa que o momento angular em relação a um ponto O é igual ao momento angular de uma partícula com a massa total do sistema localizada no centro de massa mais o momento angular do sistema de partículas em relação ao centro de massa.

Note que, se o centro de massa estiver em repouso em relação a O, o momento angular será independente do sistema de referência.

3.4 Energia do sistema de partículas

Quando o sistema é levado do estado 1 para o estado 2, o trabalho realizado pelas forças que atuam nele é dado por:

Equação 3.23

$$W_{12} = \sum_i \int_1^2 \mathbf{F}_i \cdot \mathbf{dr}_i + \sum_{\substack{i,j \\ i \neq j}} \int_1^2 \mathbf{f}_{ij} \cdot \mathbf{dr}_i$$

Usando a segunda lei de Newton, obtemos:

Equação 3.24

$$\sum_i \int_1^2 \mathbf{F}_i \cdot \mathbf{ds}_i = \sum_i \int_1^2 m_i \dot{\mathbf{v}}_i \cdot \mathbf{v}_i dt = \sum_i \int_1^2 d\left(\frac{1}{2} m_i v_i^2\right)$$

Essa equação produz:

Equação 3.25

$$W_{12} = T_2 - T_1$$

Isso quer dizer que o trabalho é igual à variação da energia cinética total $T = \frac{1}{2}\sum_i m_i v_i^2$ do sistema entre os estados 1 e 2.

Nas coordenadas do centro de massa, a energia cinética é descrita como:

Equação 3.26

$$T = \frac{1}{2}\sum_i^N m_i v_i^2 = \frac{1}{2}\sum_i^N m_i \left(\mathbf{V} + \mathbf{v'}_i\right) \cdot \left(\mathbf{V} + \mathbf{v'}_i\right)$$

Equação 3.27

$$T = \frac{1}{2}MV^2 + \frac{1}{2}\sum_i^N m_i v'^2_i + \mathbf{V} \cdot \frac{d}{dt}\left(\sum_i^N m_i \mathbf{r'}_i\right)$$

Pelo mesmo argumento utilizado na seção anterior, $\sum_i^N m_i \mathbf{r'}_i = 0$ e, assim, obtemos:

Equação 3.28

$$T = \frac{1}{2}MV^2 + \frac{1}{2}\sum_i^N m_i v'^2_i$$

Assim como o momento angular, a energia cinética total do sistema de partículas pode ser escrita como a soma da energia cinética de uma partícula com a massa total do sistema que se move com a velocidade do centro de massa e a energia cinética das partículas que compõem o sistema em relação ao referencial do centro de massa.

Olhando para as forças na Equação 3.23, podemos supô-las conservativas; portanto, podem ser escritas como gradientes de potenciais:

Equação 3.29

$$W_{12} = \sum_i^N \int_1^2 -\nabla_i U_i \cdot \mathbf{dr}_i + \sum_{\substack{i,j \\ i \neq j}}^N \int_1^2 -\nabla_i u_{ij} \cdot \mathbf{dr}_i$$

Nessa equação, os potenciais U_i e u_{ij} não têm, necessariamente, a mesma forma, e a notação ∇_i significa que o gradiente é tomado em relação às componentes da coordenada r_i da i-ésima partícula.
Para o primeiro termo do lado direito, obtemos:

Equação 3.30

$$\sum_i^N \int_1^2 -\nabla_i U_i \cdot d\mathbf{r}_i = -\sum_i^N U_i \Big|_1^2 = -(U_2 - U_1)$$

Para o segundo termo, usamos o fato de que o potencial u_{ij} é uma função apenas da distância $|\mathbf{r}_i - \mathbf{r}_j|$ entre as partículas *i* e *j*, condição para satisfazer à terceira lei de Newton (versão forte).

Assim, $u_{ij} = u_{ji}$. Então, podemos escrever a derivada total como:

Equação 3.31

$$du_{ij} = \nabla_i u_{ij} \cdot d\mathbf{r}_i + \nabla_j u_{ij} \cdot d\mathbf{r}_j = -(\mathbf{f}_{ij} \cdot d\mathbf{r}_i + \mathbf{f}_{ji} \cdot d\mathbf{r}_j)$$

E ainda:

Equação 3.32

$$\sum_{\substack{i,j \\ i \neq j}}^N \int_1^2 \mathbf{f}_{ij} \cdot d\mathbf{r}_i = \sum_{i<j}^N \int_1^2 (\mathbf{f}_{ij} \cdot d\mathbf{r}_i + \mathbf{f}_{ji} \cdot d\mathbf{r}_j)$$

Equação 3.33

$$\sum_{\substack{i,j \\ i\neq j}} \int_1^2 \mathbf{f}_{ij} \cdot \mathbf{dr}_i = \sum_{i<j}^N \int_1^2 \mathbf{f}_{ij} \cdot \left(\mathbf{dr}_i - \mathbf{dr}_j\right) = \sum_{i<j}^N \int_1^2 \mathbf{f}_{ij} \cdot \mathbf{dr}_{ij}$$

Assim, concluímos que:

Equação 3.34

$$\sum_{i<j}^N \int_1^2 \mathbf{f}_{ij} \cdot \mathbf{dr}_{ij} = -\sum_{i<j}^N \int_1^2 du_{ij} = -\sum_{i<j}^N u_{ij} \Big|_1^2$$

Com base nessas considerações, definimos a energia potencial total U do sistema de partículas como:

Equação 3.35

$$U = \sum_i^N U_i + \sum_{i<j}^N u_{ij}$$

Portanto, a energia total T + U é conservada.

O segundo termo do potencial é chamado de *energia potencial interna*, que é constante no caso de um corpo rígido, um sistema de partículas no qual as distâncias r_{ij} são fixas.

Exemplo 3.3

Uma corda com densidade de massa uniforme λ e com massa total m está enrolada em um cilindro oco de massa M e raio R. A corda tem uma ponta presa ao cilindro e outra livre, completando exatamente uma volta, e o cilindro pode girar livremente em torno de seu eixo enquanto a corda se desenrola.

Figura 3.9 – Corda enrolada em um cilindro oco

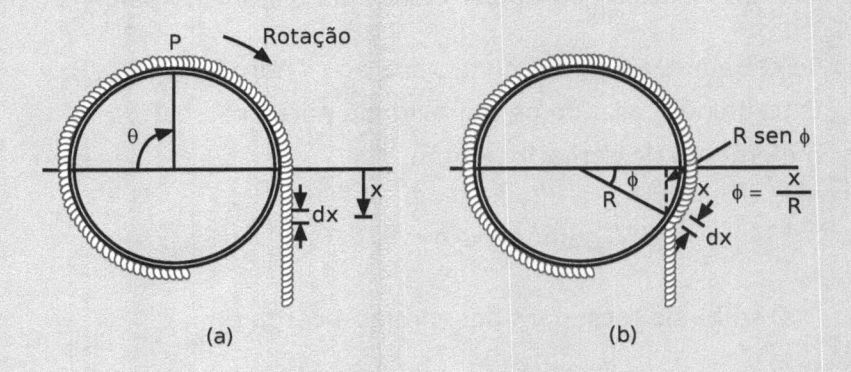

(a) (b)

Quando o ponto P está em $\theta = 0$ e a ponta solta da corda está em $x = 0$, o sistema é tirado levemente do estado de equilíbrio. Neste caso, use a conservação de energia para determinar a velocidade angular do cilindro.

Solução
A Figura 3.9 ilustra a situação proposta: em (a), depois de desenrolar, uma porção da corda se desloca verticalmente para baixo; em (b), o trabalho realizado

pela gravidade envolve apenas o deslocamento efetivo de tirar a corda do contato com a superfície do cilindro.

Considere um elemento diferencial da corda de comprimento *dy*, cuja massa é λdy, a uma distância *y* do ponto do cilindro onde ela se desenrola. O deslocamento vertical efetivo Δy do elemento de corda é dado por :

$$\Delta y = y - R\,\text{sen}\left(\frac{y}{R}\right)$$

O elemento *dy* corda estaria a uma distância $R\,\text{sen}\left(\frac{y}{R}\right)$ se ela ainda estivesse conectada ao cilindro (Figura 3.9). O trabalho realizado pela gravidade para deslocar o elemento de corda foi, então:

$$dW = dmg\Delta y = \lambda dyg\left[y - R\,\text{sen}\left(\frac{y}{R}\right)\right]$$

O trabalho total para desenrolar a corda é:

$$W = \int_0^{R\theta} \lambda g\left[y - R\,\text{sen}\left(\frac{y}{R}\right)\right]dy$$

$$W = \frac{mgR}{2\pi}\left(\frac{\theta^2}{2} + \cos\theta - 1\right)$$

Pela conservação de energia, o trabalho realizado pela gravidade se converte em energia cinética da corda e do cilindro, que é dada por:

$$T = \frac{1}{2}mR^2\dot\theta^2 + \frac{1}{2}MR^2\dot\theta^2$$

Considerando que W = T, temos:

$$\frac{mgR}{2\pi}\left(\frac{\theta^2}{2} + \cos\theta - 1\right) = \frac{1}{2}(m+M)R^2\dot{\theta}^2$$

Por fim, chegamos a:

$$\dot{\theta}^2 = \frac{mg(2\theta^2 + 2\cos\theta - 2)}{2\pi(m+M)R}$$

3.5 Movimento com massa variável

Quando reescrevemos a segunda lei de Newton na forma $\mathbf{F} = \dot{\mathbf{P}}$, podemos notar que pode haver outra maneira de impulsão a um corpo além da ação de uma força externa:

Equação 3.36

$$\mathbf{F} = \frac{d}{dt}(m\mathbf{v}) = m\frac{d\mathbf{v}}{dt} + \mathbf{v}\frac{dm}{dt}$$

Isso quer dizer que a variação de massa também pode produzir variação na quantidade de movimento do sistema. Perceba que não se trata de uma violação do princípio de conservação de massa, ao contrário, trata-se de situações em que partículas adicionais são retiradas ou adicionadas ao sistema, como no caso de um carro, cuja massa diminui em razão da queima de combustível ao longo do caminho.

Problemas envolvendo variação de massa também são exemplos de aplicação da lei de conservação do momento linear. Consideremos um foguete no espaço, livre da ação de forças externas. Nesse caso, como ele pode se mover? Como não há agente externo agindo no sistema, ao ejetar combustível em uma direção, pela terceira lei de Newton, o foguete sofre um impulso no sentido oposto.

Figura 3.10 – Movimento de um foguete no espaço livre

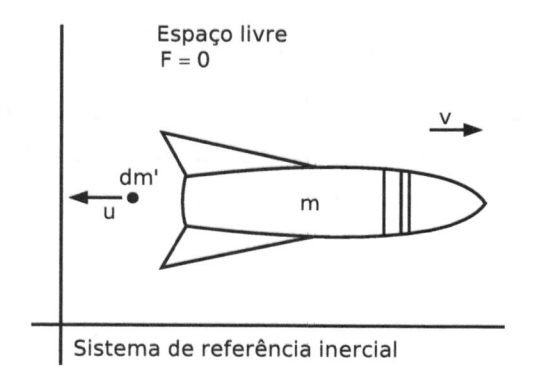

Vamos analisar quantitativamente a situação mostrada na Figura 3.10, em que um foguete de massa m viaja no espaço livre em uma direção com velocidade v e ejeta o combustível da queima com velocidade u relativa ao foguete.

No instante de tempo t, o momento linear é $P(t) = mv$ e, em um intervalo de tempo $(t + dt)$ depois, a massa do foguete passa a ser $(m + dm)$, em que dm é negativo e o momento linear é $(m + dm)(v + dv)$.

O combustível ejetado no intervalo de tempo de dt tem massa dm e, no sistema de referência fixo, tem velocidade v − u. O momento total do sistema (o foguete mais o combustível ejetado) no instante t + dt é:

Equação 3.37

$$P(t + dt) = (m + dm)(v + dv) - dm(v - u)$$

Ignorando o produto dos termos diferenciais *dmdv*, a variação no momento linear total será:

Equação 3.38

$$dP = P(t + dt) - P(t) = mdv + udm$$

A mudança no momento linear é $F_{ext}dt$, em que F_{ext} é a força externa total atuando no sistema. Uma vez que consideramos o foguete no espaço livre da ação de forças externas, dP = 0 e:

Equação 3.39

$$mdv = -udm$$

Dividindo ambos os lados dessa equação por *dt*, podemos reescrevê-la da seguinte forma:

Equação 3.40

$$m\dot{v} = -\dot{m}u$$

Em que o termo $-\dot{m}$ é a taxa com que o foguete ejeta massa.

Comparando a Equação 3.40 com a segunda lei de Newton em sua versão mais simples ($m\dot{v} = F$), podemos identificar o termo do lado esquerdo com uma força que, nesse caso, é chamada de *empuxo*:

Equação 3.41

$$\text{empuxo} = -\dot{m}u$$

A Equação 3.39 pode ser resolvida dividindo-se ambos os seus lados por *m*:

$$dv = -u\frac{dm}{m}$$

Integrando essa igualdade, temos:

Equação 3.42

$$v - v_0 = -\int_{m_0}^{m} u\frac{dm}{m}$$

Sendo constante a velocidade de exaustão *u*, obtemos:

Equação 3.43

$$v - v_0 = u \ln\left(\frac{m_0}{m}\right)$$

Em que v_0 é a velocidade inicial do foguete e m_0 sua massa inicial, incluindo o combustível.

Esse resultado mostra que a velocidade do foguete só depende da velocidade de ejeção do combustível e da razão entre a massa inicial e a massa final, o que limita fortemente seu movimento.

Considere, por exemplo, que 90% da massa inicial do foguete seja combustível. Nesse caso, a razão das massas é apenas 10, e ln10 = 2,3. Em outras palavras, o ganho de velocidade não pode ser maior do que 2,3u. Portanto, o foguete deve ser projetado para que u seja o maior possível. Uma alternativa é incluir outros estágios em que os maiores tanques de combustível são ejetados, reduzindo-se a massa para os estágios posteriores.

Exemplo 3.4

Considere que um foguete deixa a superfície da Terra, na direção vertical, sob a ação da gravidade. A velocidade de exaustão do combustível é de 2.600 m/s com taxa de queima de combustível constante de $1,5 \cdot 10^4$ kg/s. Se a massa inicial é $3,0 \cdot 10^6$ kg e a massa de combustível é $2,5 \cdot 10^6$ kg, determine a altitude e a velocidade do foguete ao final da queima de combustível.

Solução

A taxa de queima de combustível é:

$$\dot{m} = \frac{dm}{dt} = -\alpha, \quad \alpha > 0$$

Uma vez que essa taxa é constante, podemos integrar essa expressão:

$$\int_{m_0}^{m} dm = -\alpha \int_0^T dt \Rightarrow m_0 - m = \alpha T$$

O tempo ao final da queima pode ser determinado por:

$$T = \frac{m_0 - m}{\alpha}$$

A altura ao final da queima total do combustível é obtida, então, integrando-se a Equação 3.42, devendo-se incluir a contribuição da gravidade:

$$h = \int_0^T v\,dt = \int_0^T \left[-gt + u \ln\left(\frac{m_0}{m}\right) \right] dt$$

Rearranjando os termos dessa equação, temos:

$$h = -g\int_0^T t\,dt + \frac{u}{\alpha} \int_{m_0}^{m} \ln\left(\frac{m_0}{m}\right) dm$$

Usamos $dm = -\alpha dt$ para mudar a variável de integração na segunda integral. Com base no resultado para a integral definida $\int \ln x\,dx = x \ln x - x$, obtemos:

$$h = -\frac{g(m_0 - m)^2}{2\alpha^2} + \frac{u}{\alpha}\left[m \ln\left(\frac{m}{m_0}\right) + m_0 - m \right]$$

$$h = -\frac{(9{,}81\,\text{m/s}^2)(2{,}5 \cdot 10^6\,\text{kg})^2}{2(1{,}5 \cdot 10^4\,\text{kg/s})^2} + \frac{(2600\,\text{m/s})}{(1{,}5 \cdot 10^4\,\text{kg/s})}$$

$$\left[(0{,}5 \cdot 10^6\,\text{kg}) \ln\left(\frac{2{,}5}{3{,}0}\right) + 2{,}5 \cdot 10^6\,\text{kg} \right]$$

$$h = 9{,}9 \cdot 10^4\,\text{m} \approx 100\,\text{km}$$

A velocidade final após a queima é calculada por:

$$v = -gt + u\ln\left(\frac{m_0}{m}\right) = -\frac{g(m_0 - m)}{\alpha} + u\ln\left(\frac{m_0}{m}\right)$$

$$v = -\frac{(9,81\text{ m/s}^2)(0,5\cdot 10^6\text{ kg})}{(1,5\cdot 10^4\text{ kg/s})} + (2600\text{ m/s})\ln\left(\frac{3,0}{2,5}\right)$$

$$v = 2,3\cdot 10^3\text{ m/s}$$

Para saber mais

GOLDSTEIN, H.; POOLE, C.; SAFKO, J. **Classical Mechanics**. 3. ed. New York: Pearson, 2002.
Para aprofundamento no estudo da dinâmica de sistemas de partículas, sugerimos essa obra bastante bem-sucedida, publicada em 1950, que até hoje é considerada uma referência em cursos de mecânica clássica de pós-graduação.

Síntese

Neste capítulo, abordamos os seguintes temas:

- **Centro de massa**

O centro de massa do corpo é um ponto unicamente definido, cuja posição, para um referencial, é dada pelo vetor **R** como uma média dos vetores posição de cada partícula ponderada pelas massas de cada partícula:

$$R = \frac{\sum_i^N m_i r_i}{\sum_i^N m_i} = \frac{\sum_i^N m_i r_i}{M}$$

O centro de massa do sistema se move como se toda massa do sistema se concentrasse nesse ponto.

- **Momento linear do sistema de partículas**

O momento linear do sistema é o mesmo de uma única partícula de massa M localizada na posição do centro de massa:

$$P = M \frac{dR}{dt}$$

- **Momento angular do sistema de partículas**

O momento angular em relação a um ponto O é igual ao momento angular de uma partícula com a massa total do sistema localizada no centro de massa mais o momento angular do sistema de partículas em relação ao centro de massa:

$$L = R \times MV + \sum_i^N r'_i \times p'_i$$

Se o centro de massa estiver em repouso em relação a O, o momento angular será independente do sistema de referência.

- **Energia do sistema de partículas**

O trabalho para levar o sistema do estado 1 para o estado 2 é calculado da seguinte forma:

$$W_{12} = \sum_i^N \int_1^2 \mathbf{F}_i \cdot \mathbf{dr}_i + \sum_{\substack{i,j \\ i \neq j}}^N \int_1^2 \mathbf{f}_{ij} \cdot \mathbf{dr}_i$$

Nessa equação, $\mathbf{F}_i$ representa a força externa sobre a i-ésima partícula, e $\mathbf{f}_{ij}$ é a força na i-ésima em razão da j-ésima. Esse trabalho é igual à variação da energia cinética total $T = \dfrac{1}{2}\sum_i^N m_i v_i^2$ do sistema entre os estados 1 e 2:

$$W_{12} = T_2 - T_1$$

A energia cinética total do sistema de partículas pode ser escrita como a soma da energia cinética de uma partícula com a massa total do sistema que se move com a velocidade do centro de massa e a energia cinética das partículas que compõem o sistema em relação ao referencial do centro de massa:

$$T = \frac{1}{2}MV^2 + \frac{1}{2}\sum_i^N m_i v'^2_i$$

Supondo-as conservativas, elas podem ser escritas como gradientes de potenciais:

$$W_{12} = \sum_i^N \int_1^2 -\nabla_i U_i \cdot \mathbf{dr}_i + \sum_{\substack{i,j \\ i \neq j}}^N \int_1^2 -\nabla_i u_{ij} \cdot \mathbf{dr}_i$$

A energia potencial total U do sistema de partículas é:

$$U = \sum_{i}^{N} U_i + \sum_{i<j}^{N} u_{ij}$$

A energia total T + U é conservada.

- **Movimento com massa variável**

A variação de massa também pode produzir variação na quantidade de movimento do sistema:

$$\mathbf{F} = \frac{d}{dt}(m\mathbf{v}) = m\frac{d\mathbf{v}}{dt} + \mathbf{v}\frac{dm}{dt}$$

Questões para revisão

1) O centro de massa de um corpo ou sistema se localiza:
   a) fora do corpo ou do sistema.
   b) dentro ou fora do corpo ou do sistema.
   c) dentro do corpo ou do sistema.
   d) no centro geométrico do corpo ou do sistema.
   e) sempre na origem do sistema de referência.

2) O centro de massa de um sistema formado por duas partículas de massas 1 kg e 2 kg localizadas em $r_1 = (1,2)$ e $r_1 = (-1,3)$, respectivamente, apresenta as seguintes coordenadas:
   a) $(2, -1)$.
   b) $\left(\frac{8}{3}, -\frac{1}{3}\right)$.

c) $\left(-\dfrac{1}{3}, \dfrac{8}{3}\right)$.

d) $\left(-\dfrac{1}{3}, -\dfrac{8}{3}\right)$.

e) Nenhuma das alternativas anteriores.

3) Se uma pessoa de massa M pula para o chão de uma altura h e seu centro de massa se move uma distância x durante o intervalo de tempo que ela leva para tocar o chão e supondo-se que o chão pare seu movimento de maneira uniforme durante o impacto, a força média que age na pessoa é:

a) $\dfrac{Mg}{xh}$.

b) $\dfrac{Mgh}{x}$.

c) $\dfrac{Mgx}{h}$.

d) $Mg\left(\dfrac{x}{h}\right)^2$.

e) $Mg\left(\dfrac{h-x}{h}\right)$.

4) Se um projétil, em repouso em um referencial, explode, então o centro de massa do sistema formado pelos fragmentos:
a) permanece em repouso.
b) move-se ao longo de uma trajetória parabólica.

c) move-se ao longo de uma linha reta.
d) move-se em uma trajetória complexa.
e) é impossível de se determinar.

5) Uma corda uniforme de massa M e tamanho L está sobre uma mesa lisa com um terço de seu comprimento pendurado (Figura 3.11). O trabalho necessário para puxar a parte pendurada da corda para a mesa é $W = \alpha MgL$, com α igual a:
a) 1.
b) $\frac{1}{3}$.
c) $\frac{1}{9}$.
d) $\frac{1}{18}$.
e) zero.

6) Uma corda flexível de tamanho L desliza sobre uma mesa lisa, como mostra a Figura 3.11. A corda é liberada do repouso quando $\frac{1}{3}$ de seu comprimento está fora da mesa. Determine quanto tempo levará para que a ponta da esquerda da corda atinja a borda da mesa.

Figura 3.11 – Corda sobre a mesa

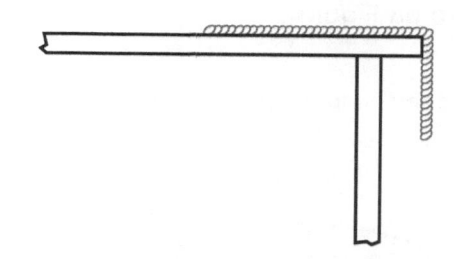

7) Encontre a posição do centro de massa de três partículas situadas no plano *xy* em $r_1 = (1, 1, 0)$, $r_2 = (1, -1, 0)$ e $r_3 = (0, 0, 0)$, se $m_1 = m_2$ e $m_3 = 4m_1$. Faça um esboço do resultado no plano cartesiano.

8) Encontre o centro de massa do arco subentendido por um arco θ mostrado na Figura 3.12.

Figura 3.12 – Arco no plano *xy*

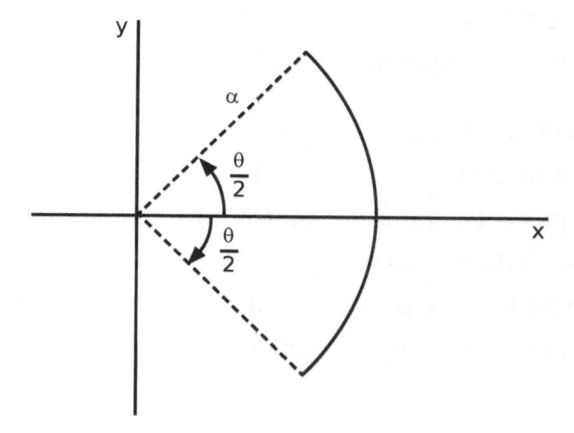

9) Encontre o centro de massa do cone sólido e homogêneo da Figura 3.13.

Figura 3.13 – Cone sólido e homogêneo

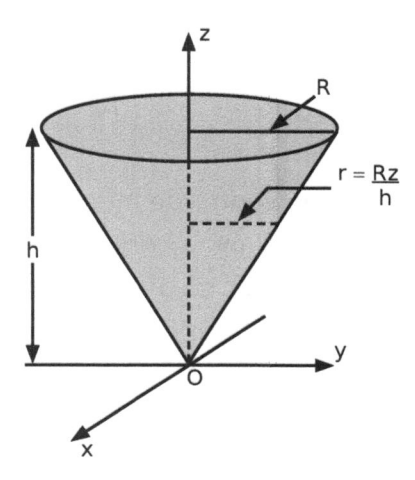

$r = \dfrac{Rz}{h}$

10) Encontre o centro de massa de um cone sólido com base de diâmetro $2a$, altura h e um hemisfério de diâmetro a e cujas bases estão em contato.

11) Uma das pontas de uma corda de tamanho L escapa por um furo de uma mesa, conforme a Figura 3.14, e cai, puxando o restante para baixo. Determine a velocidade e a aceleração da corda como função da distância x que ela caiu da mesa. Considere a corda uniforme e despreze os atritos.

3.14 – Corda caindo por um buraco

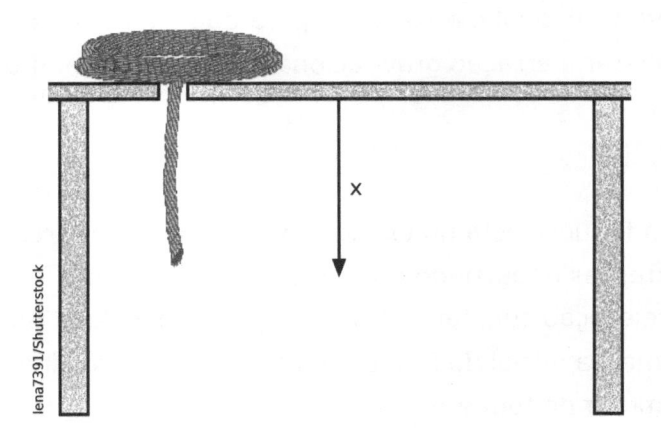

12) Assumindo que o foguete da Figura 3.10 seja lançado na vertical a partir do repouso, sob a ação da gravidade, mostre que a velocidade do foguete será:

$$v = -gt + u \ln\left(\frac{m_0}{m}\right)$$

13) Considere um foguete espacial que é lançado verticalmente sob a ação da força da gravidade. A massa do foguete e o combustível (não queimado) é m_0 e a massa do foguete depois de todo o combustível ser expelido (combustível queimado) é m. A velocidade de ejeção do combustível em relação ao foguete é u. Com base nesses dados, determine m(t):

$$m(t) = m_0 e^{-\frac{v-v_0+gt}{u}}$$

14) Se a velocidade inicial do foguete da Questão 13 é v(0) = 0, qual é a condição para que ele consiga superar a atração gravitacional e ganhar momento?

$$m < m_0 e^{-\frac{gt}{u}}$$

15) Um foguete está no espaço, livre da ação de forças externas e, partindo do repouso, move-se com aceleração constante *a* até atingir a velocidade final *v*. A massa inicial do foguete é m_0. Qual é o trabalho que o motor do foguete realiza?

$$W = m_0 u v e^{-\frac{v}{u}}$$

Questão para reflexão

1) Pesquise e discuta com seus colegas qual é a relação entre o centro de massa e o centro geométrico de um corpo.

Colisão e espalhamento de partículas

4

Conteúdos do capítulo:

- Colisão e espalhamento de partículas.
- Seção de choque.
- Problema de N corpos.

Após o estudo deste capítulo, você será capaz de:

1. identificar o centro de massa de um sistema de partículas;
2. expressar os momentos linear e angular de um sistema de partículas;
3. construir uma descrição do movimento do corpo rígido em termos do movimento do centro de massa;
4. expressar a energia cinética do sistema de partículas;
5. aplicar a descrição e a análise de um sistema de partículas para o estudo de colisões;
6. reconhecer a importância da seção de choque em uma colisão;
7. interpretar resultados e realizar previsões de fenômenos relativísticos;
8. elaborar expressões para a seção de choque.

Neste capítulo, consideraremos o problema de duas partículas interagentes. Essa interação pode ser resultado de uma força de contato, como a colisão de bolas de bilhar, ou de forças de ação a distância, por meio de campos de força, como no espalhamento de partículas α pelo campo elétrico de um núcleo atômico.

Se a força de interação entre as partículas satisfizer à terceira lei de Newton, então o momento linear total se conservará; se a força de interação for conservativa, a energia cinética será conservada. Vimos, anteriormente, que, se as forças de interação entre as partículas satisfizerem à terceira lei de Newton em sua forma forte, o momento angular também será conservado.

Entretanto, sempre podemos aplicar as leis de conservação se considerarmos toda a energia e todo o momento angular e o momento linear, incluindo aqueles associados a qualquer radiação que pode ser emitida e qualquer energia convertida de energia cinética em outras formas.

Como veremos mais adiante, é possível obter muitos resultados em relação às questões sobre colisões aplicando-se as leis de conservação, mesmo sem o conhecimento da força de interação entre as duas partículas. Isso significa que, se os vetores velocidade inicial das partículas forem conhecidos (ou seja, o estado inicial do sistema), os vetores velocidade final poderão ser obtidos (ou seja, o estado final do sistema). Esses resultados são válidos também para partículas nas escalas atômica e subatômica, uma vez que as leis de conservação são igualmente aplicáveis na mecânica quântica.

Um fator simplificador nesses problemas é a utilização de um sistema de coordenadas em repouso em relação ao centro de massa (CM) do sistema. Contudo, do ponto de vista prático, as medidas são feitas no referencial do laboratório (LAB), no qual o observador está em repouso. Segue-se, pois, que é necessário obter as equações que relacionam esses dois referenciais.

4.1 Colisão de partículas

Usualmente, a partícula-alvo (de massa m_2) está, inicialmente, em repouso no referencial do LAB e a partícula incidente (de massa m_1) se aproxima com velocidade u_1. Após a colisão, a partícula-alvo é espalhada com velocidade v_2, enquanto a partícula incidente é espalhada com velocidade v_1.

No referencial do CM, a partícula-alvo tem velocidade inicial u'_2, e a partícula incidente tem velocidade u'_1. Após a colisão, a partícula-alvo tem velocidade v'_2, e a partícula incidente tem velocidade v'_1.

Note que a velocidade do CM, no referencial do LAB, relaciona-se com a velocidade inicial da partícula-alvo, medida, no referencial do CM, por $V = -u'_2$.

Figura 4.1 – Geometria da colisão vista no referencial do LAB (esquerda) e no referencial do CM (direita)

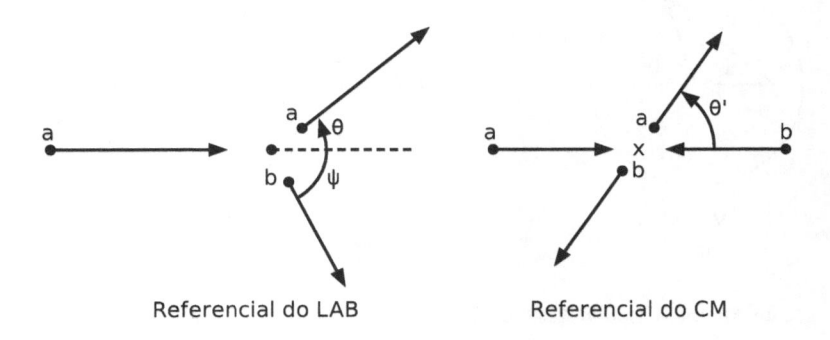

Referencial do LAB   Referencial do CM

No referencial do LAB, a partícula incidente m_1 é defletida sob um ângulo θ, chamado **ângulo de espalhamento**, enquanto a partícula-alvo m_2 é defletida sob um ângulo ψ.

No referencial do CM, ambas as partículas são defletidas sob um ângulo θ'. Podemos sumarizar as relações entre os ângulos e as velocidades nos dois referenciais por meio do diagrama ilustrado na Figura 4.1, para os dois casos possíveis:

1. Para $V < v'_1$, só há uma relação possível entre a velocidade do CM V e as velocidades finais da partícula incidente v_1 e v'_1, conforme Figura 4.2 (a).
2. Se $V > v'_1$, há duas possibilidades de ângulo de espalhamento θ' e velocidade v'_1 para cada V e v'_1: (1) a partícula incidente pode ser espalhada para trás, $θ'_b$ e v'_{1b}, ou (2) pode ser espalhada para frente, $θ'_f$ e v'_{1f}, conforme a Figura 4.2 (b).

Figura 4.2 – Colisão elástica entre duas partículas

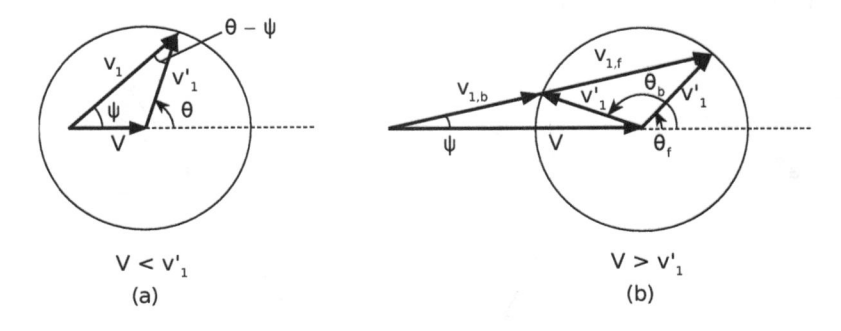

V < v'₁
(a)

V > v'₁
(b)

Fonte: Thornton; Marion, 2003, p. 353.

Nessa figura, percebemos que a velocidade v_1, medida no referencial do LAB, possibilita duas soluções para cada valor de v'_1, e o ângulo ψ, que é, usualmente, a medida experimental em um problema de colisão, corresponde a dois valores de θ'.

Além disso, se a velocidade v'_1, medida no referencial do CM, não superar V, então, mesmo que ela seja espalhada para trás no referencial do CM, parecerá ser defletida para frente no referencial do LAB, isto é, mesmo que $\theta' > \frac{\pi}{2}$, teremos $\theta < \frac{\pi}{2}$.

Segue-se que a especificação do vetor V e o ângulo de espalhamento ψ (isto é, a direção do vetor v'_1) levam a duas possibilidades de velocidade final v'_{1b} e v'_{1f}, enquanto a especificação de V e v'_1 leva a um resultado único para v'_1 e θ'.

4.1.1 Colisões elásticas

Considerando a definição do CM, $MR = m_1 r_1 + m_2 r_2$, podemos escrever a seguinte equação:

Equação 4.1

$$MV = m_1 u_1 + m_2 u_2$$

Como $u_2 = 0$, temos:

Equação 4.2

$$V = \frac{m_1 u_1}{m_1 + m_2}$$

Essa equação mostra a velocidade do CM no referencial do LAB.

Note que o momento linear total, no referencial do CM, é zero, então as partículas se movem umas em direção às outras antes da colisão e em direções opostas após a colisão.

Assim, como as massas e o momento total se conservam e, no caso da colisão elástica, a energia cinética total também é conservada, os módulos das velocidades no referencial do CM são iguais, ou seja, $u'_1 = v'_1$ e $u'_2 = v'_2$.

Relacionamos a velocidade u_1 da partícula incidente, no referencial do LAB, com a velocidade u'_1 no referencial do CM por meio da seguinte equação:

Equação 4.3

$$u_1 = u'_1 - V = u'_1 + u'_2$$

Podemos escrever, então:

Equação 4.4

$$v'_2 = \frac{m_1 u_1}{m_1 + m_2}$$

E ainda:

Equação 4.5

$$v'_1 = u_1 - u'_2 = v'_2 = \frac{m_2 u_1}{m_1 + m_2}$$

Portanto, podemos escrever:

Equação 4.6

$$\frac{V}{v'_1} = \frac{\frac{m_1 u_1}{(m_1 + m_2)}}{\frac{m_2 u_1}{(m_1 + m_2)}} = \frac{m_1}{m_2}$$

Isso significa que os dois casos discutidos na seção anterior são determinados pela relação entre as massas da partícula incidente e da partícula-alvo:

$$V < v'_1 \Rightarrow m_1 < m_2$$

$$V > v'_1 \Rightarrow m_1 > m_2$$

Com base no diagrama da Figura 4.2, temos:

Equação 4.7

$$v_1 \sen\theta = v'_1 \sen\theta'$$

Equação 4.8

$$v_1 \cos\theta = v'_1 \cos\theta' + V$$

Dividindo essas expressões, obtemos:

Equação 4.9

$$\tan\theta = \frac{v'_1 \sen\theta'}{v'_1 \cos\theta' + V} = \frac{\sen\theta'}{\cos\theta' + \left(\dfrac{V}{v'_1}\right)}$$

Podemos reescrever essa equação da seguinte maneira:

Equação 4.10

$$\tan\theta = \frac{\sen\theta'}{\cos\theta' + \left(\dfrac{m_1}{m_2}\right)}$$

Vale destacar dois casos particulares:

1. Se $m_1 \ll m_2$ – Os ângulos de espalhamento nos referenciais do LAB e do CM se aproximam, pois a partícula-alvo, sendo muito mais massiva, é pouco afetada pela colisão, agindo, basicamente, como um centro fixo de espalhamento:

Equação 4.11

$$m_1 \ll m_2 \Rightarrow \theta \cong \theta'$$

2. Se $m_1 = m_2$ – Nesse caso, temos:

Equação 4.12

$$\tan\theta = \frac{\operatorname{sen}\theta'}{\cos\theta' + 1} = \tan\frac{\theta'}{2}$$

O ângulo de espalhamento no referencial do LAB é a metade do ângulo de espalhamento no CM:

Equação 4.13

$$m_1 = m_2 \Rightarrow \theta = \frac{\theta'}{2}$$

Note que $\theta'_{MÁX} = \pi$; então, para $m_1 = m_2$, no referencial do LAB, não pode haver ângulos de espalhamento maiores do que 90°.

Podemos construir um diagrama similar ao da Figura 4.2 para a partícula-alvo m_2, que é defletida sob um ângulo ψ, e visualizar as relações entre os ângulos e as velocidades nos dois referenciais, conforme ilustrado na Figura 4.3.

Figura 4.3 – Estado final da partícula-alvo para uma colisão elástica

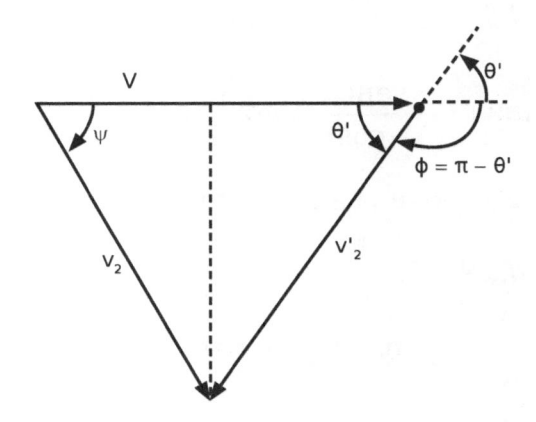

Fonte: Thornton; Marion, 2003, p. 355.

Com base no diagrama da Figura 4.3, temos:

Equação 4.14

$$v_2 \operatorname{sen}\psi = v'_2 \operatorname{sen}\theta'$$

E ainda:

Equação 4.15

$$v_2 \cos\psi = V - v'_2 \cos\theta'$$

Dividindo essas duas expressões, obtemos:

Equação 4.16

$$\tan\psi = \frac{v'_2 \operatorname{sen}\theta'}{V - v'_2 \cos\theta'} = \frac{\operatorname{sen}\theta'}{\left(\dfrac{V}{v'_2}\right) - \cos\theta'}$$

Como $V = v'_2$, temos:

Equação 4.17

$$\tan\psi = \frac{\operatorname{sen}\theta'}{1-\cos\theta'} = \cot\frac{\theta'}{2} = \tan\left(\frac{\pi}{2} - \frac{\theta'}{2}\right)$$

Então, $2\psi = \pi - \theta'$. Para $m_1 = m_2$, temos:

Equação 4.18

$$m_1 = m_2 \Rightarrow \psi + \theta = \frac{\pi}{2}$$

Ou seja, para partículas de massas iguais, com a partícula-alvo inicialmente em repouso, o estado final é formado por vetores velocidade que são perpendiculares entre si (Figura 4.4).

Figura 4.4 – Diagrama de uma colisão elástica

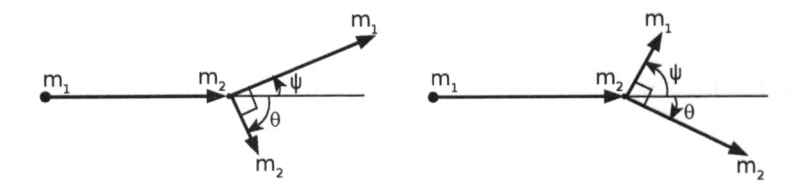

Exemplo 4.1

Determine o ângulo máximo $\theta_{MÁX}$ de espalhamento da partícula incidente. Analise o caso $m_2 \ll m_1$.

Solução

Aplicando a lei de conservação do momento linear para a colisão da Figura 4.1, temos:

Equação 4.19

$$\mathbf{p}_{1i} = \mathbf{p}_{1f} + \mathbf{p}_{2f}$$

Vamos escrever o p_{2f} em termos de p_{1i} e θ, que são as grandezas mais fáceis de se medir na prática. Como $\mathbf{p}_{2f} = \mathbf{p}_{1i} - \mathbf{p}_{1f}$, então:

Equação 4.20

$$\mathbf{p}_{2f} \cdot \mathbf{p}_{2f} = p_{2f}^2 = (\mathbf{p}_{1i} - \mathbf{p}_{1f}) \cdot (\mathbf{p}_{1i} - \mathbf{p}_{1f}) = p_{1i}^2 + p_{1f}^2 - 2\mathbf{p}_{1i} \cdot \mathbf{p}_{1f}$$

Considerando que $\mathbf{p}_{1i} \cdot \mathbf{p}_{1f} = p_{1i} p_{1f} \cos\theta$, temos:

Equação 4.21

$$p_{2f}^2 = p_{1i}^2 + p_{1f}^2 - 2 p_{1i} p_{1f} \cos\theta$$

No caso da colisão elástica, a energia cinética se conserva, ou seja:

Equação 4.22

$$\frac{p_{1i}^2}{2m_1} = \frac{p_{1f}^2}{2m_1} + \frac{p_{2f}^2}{2m_2}$$

Eliminando p_{2f}, obtemos:

Equação 4.23

$$(m_1 + m_2) p_{1f}^2 - (2 p_{1i} m_1 \cos\theta) p_{1f} + (m_1 - m_2) p_{1i}^2 = 0$$

A solução dessa equação é:

Equação 4.24

$$p_{1f} = \left[\frac{m_1 \cos\theta \pm \sqrt{m_2^2 - m_1^2 \sin^2\theta}}{m_1 + m_2} \right] p_{1f}$$

Como o momento deve ser real, o termo na raiz deve ser positivo, ou seja:

Equação 4.25

$$m_2^2 - m_1^2 \sin^2\theta \geq 0 \Rightarrow \sin\theta \leq \frac{m_2}{m_1} t$$

Equação 4.26

$$\theta_{MÁX} = \sin^{-1}\left(\frac{m_2}{m_1}\right)$$

Quando $m_2 \ll m_1$, o ângulo $\theta_{MÁX}$ se aproxima de zero. Em um dos experimentos mais importantes da física nuclear, Hans Geiger (1882-1945) e Ernest Marsden (1889-1970), sob a supervisão de Ernest Rutherford (1871-1937), mediram os ângulos de espalhamento de partículas α em folhas de ouro. A maioria dos ângulos observados eram muito pequenos e podiam ser explicados pelo espalhamento das partículas α pelos elétrons dos átomos de ouro, pois $m_e = 9{,}11 \cdot 10^{-31}$ kg e $m_\alpha = 6{,}69 \cdot 10^{-27}$ kg, de modo que:

$$\theta_{MÁX} = \sin^{-1}\left(\frac{m_e}{m_\alpha}\right) = 0{,}0078°$$

Entretanto, para uma pequena fração dos espalhamentos, as deflexões aconteciam com ângulos maiores do que 150°, o que Rutherford percebeu que poderia ser a colisão das partículas α com partículas muito mais massivas, mas muito diminutas em relação ao tamanho dos átomos em razão da reduzida fração de espalhamentos nesses ângulos grandes. Ele concluiu que a maior parte da massa de um átomo está concentrada em uma região muito pequena, que denominamos *núcleo*.

4.1.2 Colisões inelásticas

Moléculas, átomos e algumas partículas contêm energia interna e podem liberar ou absorver energia em uma colisão, situação em que também pode acontecer de duas partículas ficarem juntas, formando uma nova ou dando origem a outras diferentes das anteriores.
Em todos esses casos, a lei de conservação do momento se aplica e a lei de conservação da energia também pode ser usada se levarmos em conta a energia interna dos átomos e das moléculas.

Vamos nos restringir ao caso em que as partículas, antes e após a colisão, são as mesmas. Dessa forma, escrevemos o teorema de conservação da energia como:

Equação 4.27

$$Q + \frac{p_{1i}^2}{2m_1} + \frac{p_{2i}^2}{2m_2} = \frac{p_{1f}^2}{2m_1} + \frac{p_{2f}^2}{2m_2}$$

Nessa equação, Q, denominado *fator-Q da colisão*, representa a energia perdida ou ganha no processo de colisão.

Esse tipo de colisão é chamada **inelástica** e pode ser exoenergética, quando a energia do sistema aumenta, ou endoenergética, quando a energia do sistema diminui.

Quadro 4.1 – Fator-Q e características das colisões

Fator-Q	Tipo de colisão	Energia cinética
Q = 0	Elástica	Conservada
Q > 0	Inelástica (exoenergética)	Ganha
Q < 0	Inelástica (endoenergética)	Perdida

Considerando duas partículas colidindo com velocidades u_1 e u_2 e, após a colisão, com velocidades finais v_1 e v_2, definimos o coeficiente de restituição e como:

Equação 4.28

$$e \equiv \left|\frac{v_2 - v_1}{u_2 - u_1}\right| \equiv \frac{v_{21}}{u_{21}}$$

Uma vez que o coeficiente de restituição *e* só depende das velocidades relativas antes e após a colisão, ele também é independente do sistema de referência.

O coeficiente de restituição é uma medida da inelasticidade da colisão, ou seja, assim como fizemos com o fator-Q, dependendo do valor de *e* categorizamos a colisão conforme mostra o Quadro 4.2.

Quadro 4.2 – Coeficiente de restituição nas colisões

$e = 1$	Colisão elástica
$e = 0$	Colisão completamente inelástica
$e > 1$	Colisão inelástica (exoenergética)
$0 < e < 1$	Colisão inelástica (endoenergética)

Importante

No caso de colisões oblíquas, usamos apenas as componentes do vetor velocidade perpendiculares ao plano tangente (ou seja, ao longo da direção normal a esse plano) no ponto de contato entre os corpos.

Exemplo 4.2

Obtenha uma expressão para o fator-Q da colisão em termos da massa reduzida do sistema μ, da velocidade relativa de aproximação das partículas u_{12} e do coeficiente de restituição e.

Solução
Partindo da equação de conservação do momento, temos:

Equação 4.29

$$m_1 u_1 + m_2 u_2 = m_1 v_1 + m_2 v_2$$
$$m_1(v_1 - u_1) = m_2(u_2 - v_2)$$

Com relação à equação de conservação de energia, temos:

$$2Q = m_1 v_1^2 + m_2 v_2^2 - m_1 u_1^2 - m_2 u_2^2$$

Podemos rearranjar essa equação como:

$$2Q = m_1\left(v_1^2 - u_1^2\right) + m_2\left(v_2^2 - u_2^2\right)$$

Ou então:

Equação 4.30

$$2Q + m_2\left(u_2 - v_2\right)\left(v_2 + u_2\right) = m_1\left(v_1 - u_1\right)\left(v_1 + u_1\right)$$

Substituindo a Equação 4.29 na Equação 4.30, obtemos:

$$\frac{2Q}{m_2\left(u_2 - v_2\right)} = \left(v_1 + u_1\right) - \left(v_2 + u_2\right) = -\left(v_2 - v_1\right) - \left(u_2 - u_1\right)$$

Usando a definição de e, chegamos a:

$$\frac{2Q}{m_2\left(v_2 - u_2\right)} = u_{12}\left(e + 1\right)$$

Agora, podemos escrever as velocidades inicial u_2 e final v_2 da partícula-alvo em termos do coeficiente de restituição e da velocidade relativa de aproximação:

$$u_2 = \frac{m_1 v_1 + m_2 v_2 + m_1 u_{12}}{\left(m_1 + m_2\right)}$$

E ainda:

$$v_2 = \frac{m_1 u_1 + m_2 u_2 + m_1 e u_{12}}{(m_1 + m_2)}$$

Reescrevendo o termo, obtemos:

$$m_2(v_2 - u_2) = \mu u_1 + \frac{m_2^2}{M} u_2 + \mu e u_{12} - \mu v_1 - \frac{m_2^2}{M} v_2 - \mu u_{12}$$

E também:

$$m_2(v_2 - u_2) = \mu(u_1 - v_1) + \frac{m_2^2}{M}(u_2 - v_2) + \mu u_{12}(e-1)$$

Nessa equação, os dois primeiros termos do lado direito se cancelam e, então, obtemos $m_2(v_2 - u_2) = \mu u_{12}(e-1)$, chegando a:

$$\frac{2Q}{m_2(v_2 - u_2)} = u_{12}(e+1)$$

Essa expressão resulta em:

$$Q = \frac{1}{2}\mu u_{12}^2 (e^2 - 1)$$

Nos casos limites, temos:

$e = 1$, colisão elástica; $Q = 0$

$e = 0$, colisão completamente inelástica; $Q = -\frac{1}{2}\mu u_{12}^2$

As forças que agem durante uma colisão, chamadas *forças de impulsão*, atuam durante o intervalo de tempo em que as partículas estão em contato e, comumente, têm um perfil caraterístico de alta intensidade e curta duração (Gráfico 4.1).

Gráfico 4.1 – Perfil característico de uma força impulsiva

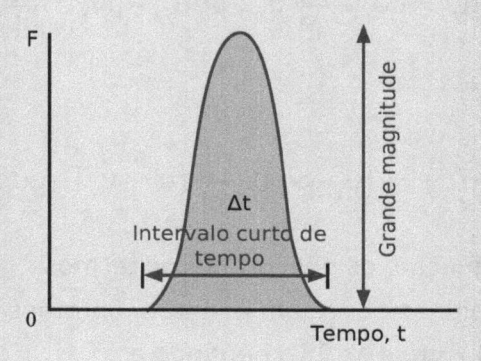

Aplicando a segunda lei de Newton, obtemos:

Equação 4.31

$$F = \frac{d(mv)}{dt}$$

Integrando essa equação no tempo, chegamos a:

Equação 4.32

$$\int_{t_1}^{t_2} F \, dt = mv - mu = J$$

Essa é a definição de impulso **J**. Note que o impulso é igual à variação da quantidade de movimento **Δp**, o que, na prática, é simples de se medir experimentalmente.

Exemplo 4.3

Uma corrente de comprimento L e densidade linear de massa λ é liberada do repouso tendo sua extremidade inferior apenas tocando o chão, como ilustra a Figura 4.5. Determine a força exercida sobre o chão quando um comprimento y já tenha caído.

Figura 4.5 – Esquema exemplificando o problema

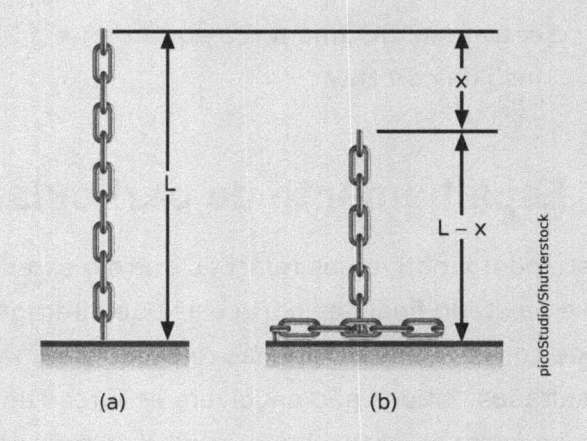

(a)   (b)

picoStudio/Shutterstock

Solução

Após um intervalo de tempo dt, a massa da corrente que caiu sobre o chão é $dm = \lambda v dt$, e a quantidade de movimento transferida para o chão é, portanto:

$$dp = (\lambda v dt)v = \lambda v^2 dt$$

A corrente cai sob a ação da gravidade; assim, a velocidade, depois de ter caído a uma distância y, é calculada por:

$$v^2 = 2gy$$

Podemos escrever a força impulsiva como:

$$F_{imp} = \frac{dp}{dt} = \lambda v^2 = 2y\lambda g$$

Essa forma age no chão, além da força gravitacional $F_g = y\lambda g$. Portanto, a força total agindo no chão será:

$$F = F_{imp} + F_g = 3y\lambda g$$

Ou seja, trata-se de uma força equivalente a três vezes o peso da corrente.

4.2 Espalhamento de partículas

Até este ponto, obtivemos relações entre o estado inicial e o estado final das partículas que interagem por meio de colisões usando apenas relações cinemáticas. Os resultados obtidos não envolvem as forças de interação entre as partículas e, apesar de termos desenvolvido expressões conectando os ângulos e as velocidades finais, essas relações não nos permitem fazer previsões sobre essas grandezas físicas.

Para isso, precisamos investigar o processo de colisão de perto, o que significa olhar como a partícula incidente interage com o campo de forças gerado pela partícula-alvo.

4.2.1 Seção de choque

Vamos introduzir os conceitos básicos da teoria de espalhamento usando como exemplo o espalhamento por uma esfera rígida. Consideremos um feixe uniforme de partículas que incide em uma esfera rígida, ou seja, as partículas só interagem quando elas colidem (Figura 4.6).

Figura 4.6 – Feixe de partículas espalhado por uma esfera rígida

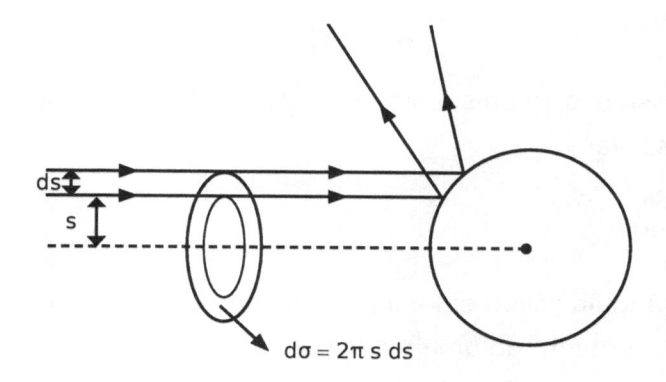

Fonte: Ilisie, 2020, p. 141.

Um conceito central no estudo do espalhamento é a **seção de choque** σ, que é a área de interação que, para uma esfera, coincide com um disco de raio igual ao da esfera. Se tomarmos duas componentes do feixe separadas por uma distância infinitesimal *ds*, a seção de choque diferencial será um disco de área (conforme ilustra a Figura 4.7):

Equação 4.33

$$d\sigma = 2\pi s\, ds$$

Definindo *I* como a densidade de partículas por unidade de área e N como a densidade de partículas por unidade de ângulo sólido, podemos escrever:

Equação 4.34

$$I(\sigma)d\sigma = N(\Omega)d\Omega$$

Isso ocorre pois o número de partículas deve se conservar.

(?) O que é?

Um ângulo sólido em esferorradianos é igual à área de um segmento de uma esfera de raio unitário da mesma forma que um ângulo plano em radianos é igual ao comprimento de um arco de um círculo unitário. Assim como um ângulo plano em radianos é a razão entre o comprimento de um arco circular e seu raio, um ângulo sólido em esferorradianos é a seguinte razão:

$$\Omega = \frac{A}{r^2}$$

Em que A é a área da superfície esférica e *r* é o raio da esfera considerada.

Em coordenadas esféricas, temos:

$$dA = r^2 \text{sen}^2 \theta d\theta d\varphi \text{ e } d\Omega = \text{sen}^2 \theta d\theta d\varphi$$

Equivalentemente, podemos escrever:

Equação 4.35

$$\frac{d\sigma}{d\Omega} = \frac{N(\Omega)}{I(\sigma)}$$

Essa equação define a **seção de choque diferencial**. Vale ressaltar que essa é uma grandeza fundamental nos experimentos de espalhamento, de modo que o lado direito da expressão representa as medidas experimentais, e o lado esquerdo representa a previsão do modelo teórico.

De forma mais geral, podemos escrever:

Equação 4.36

$$d\sigma = s \, ds \, d\phi$$

Em coordenadas esféricas, temos:

Equação 4.37

$$d\Omega = \text{sen}\,\theta \, d\theta d\phi$$

Portanto:

Equação 4.38

$$\frac{d\sigma}{d\Omega} = \frac{s}{\text{sen}}\left|\frac{ds}{d\theta}\right|$$

Nessa equação, incluímos o módulo, uma vez que a seção de choque negativa não tem sentido físico. Essa expressão é geral, pois não especificamos o elemento espalhador. A variável *s* é chamada **parâmetro de impacto**, que, para casos simétricos, é a distância entre o eixo de simetria e a linha da trajetória da partícula incidente.

Figura 4.7 – Espalhamento por uma esfera rígida

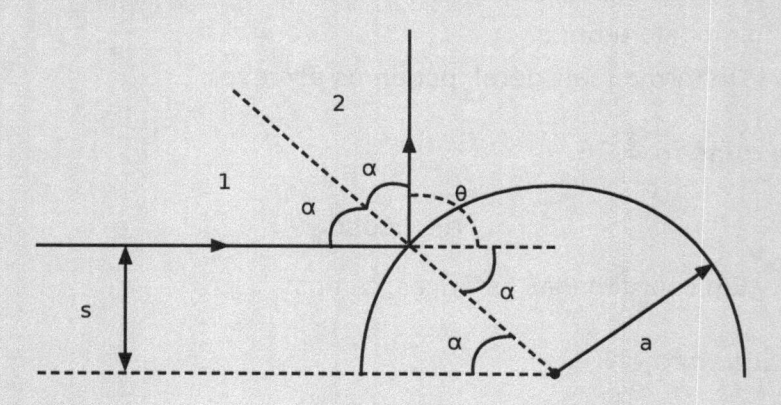

Fonte: Ilisie, 2020, p. 142.

A geometria para o caso de espalhamento por uma esfera rígida é mostrada na Figura 4.7. Note que a lei da reflexão estabelece que o ângulo de incidência α é igual ao ângulo de reflexão e, então, concluímos que:

Equação 4.39

$$s = r\cos\left(\frac{\theta}{2}\right)$$

Logo, obtemos:

Equação 4.40

$$\frac{d\sigma}{d\Omega} = \frac{r^2}{4}$$

Nessa equação, *r* é o raio da esfera.

4.2.2 Espalhamento por um potencial repulsivo

Podemos interpretar o espalhamento como um problema de órbita não ligada de uma partícula sob a ação de um potencial central. Consideremos o seguinte potencial central:

Equação 4.41

$$U(r) = \frac{k}{r}$$

Esse potencial é repulsivo para k > 0 e atrativo para k < 0.

O movimento de uma partícula nesse potencial é o **problema de Kepler**, cuja solução é:

Equação 4.42

$$\frac{1}{r} = \sqrt{\frac{m^2k^2}{l^4} + \frac{2mE}{l^2}} \cos\alpha - \frac{mk}{l^2}$$

Nessa equação, $l = mvs$ representa o momento angular da partícula incidente em relação ao centro de força.

Para saber mais

THORNTON, S. T.; MARION, J. B. **Classical Dynamics of Particles and Systems**. 5. ed. New York: Thomson Brooks Cole, 2003.
Para conhecer detalhes da dedução do problema de movimento sob uma força central, sugerimos a leitura do Capítulo 8 da obra de Stephen Thornton e Jerry Marion. Os autores fazem uma discussão ampla e pormenorizada desse problema. Além disso, a obra é muito bem escrita e se tornou referência nos cursos universitários.

A geometria do espalhamento é mostrada na Figura 4.6, na qual podemos verificar que:

Equação 4.43

$$2\alpha + \theta = \pi$$

Portanto:

Equação 4.44

$$\cos\alpha = \sen\frac{\theta}{2}$$

Podemos mostrar que a deflexão θ na trajetória de uma partícula de massa m que se move sob a ação de um potencial central é dada por:

Equação 4.45

$$\theta = \pi - 2\alpha = \pi - 2\int_{r_{mín}}^{r_{máx}} \frac{\left(\dfrac{l}{r^2}\right)dr}{\sqrt{2m\left[E - U - \left(\dfrac{l^2}{2mr^2}\right)\right]}}$$

Reescrevendo o momento angular como $l = s\sqrt{2mE}$, obtemos:

Equação 4.46

$$\alpha = \int_{r_{mín}}^{\infty} \frac{\left(\dfrac{s}{r}\right)dr}{\sqrt{r^2 - \left(\dfrac{k}{E}\right)r - s^2}}$$

Cuja integração fornece:

Equação 4.47

$$\cos\alpha = \frac{\left(\dfrac{\kappa}{s}\right)}{\sqrt{1 + \left(\dfrac{\kappa}{s}\right)^2}}$$

Com:

Equação 4.48

$$\kappa = \frac{k}{2E}$$

Podemos usar $s^2 = \kappa^2 \tan^2 \alpha$ para escrever o parâmetro de impacto como:

Equação 4.49

$$s = \frac{k}{2E} \cot \frac{\theta}{2}$$

Isso ocorre porque:

Equação 4.50

$$\frac{ds}{d\theta} = -\frac{\kappa}{2} \frac{1}{\operatorname{sen}^2\left(\frac{\theta}{2}\right)}$$

Equação 4.51

$$\frac{d\sigma}{d\Omega} = \frac{\kappa^2}{2} \frac{\cot\frac{\theta}{2}}{\operatorname{sen}\theta \operatorname{sen}^2\left(\frac{\theta}{2}\right)}$$

Ou:

Equação 4.52

$$\frac{d\sigma}{d\Omega} = \frac{1}{4}\left(\frac{k}{2E}\right)^2 \frac{1}{\operatorname{sen}^4\left(\frac{\theta}{2}\right)}$$

Essa equação é a fórmula de espalhamento de Rutherford, verificada, experimentalmente, em 1913 por Geiger e Marsden, no experimento de espalhamento de partículas -α por núcleos pesados.

Note que a forma da função de distribuição do espalhamento é a mesma para o potencial atrativo e o potencial repulsivo (independentemente do sinal de *k*).

Vale ressaltar também que uma abordagem do espalhamento de um potencial coulombiano usando mecânica quântica leva a esse mesmo resultado.

A **seção de choque total de espalhamento** é obtida integrando-se a seção de choque diferencial sob o ângulo sólido $d\Omega = \dfrac{dS}{r^2} = \operatorname{sen}\theta\, d\phi\, d\theta$, ou seja:

Equação 4.53

$$\sigma = \int_{4\pi} \sigma(\theta)\, d\Omega = 2\pi \int_0^{2\pi} \sigma(\theta) \operatorname{sen}\theta\, d\theta$$

Essa equação fornece a probabilidade de que ocorra qualquer interação de espalhamento.

4.3 Problema de N corpos

O problema de dois corpos sempre pode ser reduzido a dois problemas separados de um corpo usando-se as coordenadas do CM do sistema, as coordenadas relativas e a massa reduzida do sistema.

É comum, entretanto, encontrarmos vários sistemas físicos formados por muitas partículas interagentes (como o movimento dos planetas no sistema solar, por exemplo) e, infelizmente, não é possível estender esse método para os problemas envolvendo mais de dois corpos. Nem mesmo o problema de três corpos admite uma solução geral. Isso não significa que não possamos resolvê-los. De fato, não é possível obter uma solução geral para as equações de movimento, mas o movimento dos planetas pode ser solucionado de forma numérica com grande precisão, dadas certas condições iniciais.

Como fizemos no Capítulo 3, podemos separar, parcialmente, o problema em duas partes: (1) o movimento do CM do sistema e (2) o movimento das partículas internas do sistema em relação ao CM.

Pela definição de *centro de massa*, as coordenadas internas r_i devem satisfazer:

Equação 4.54

$$\sum_i^N m_i \mathbf{r'}_i = 0$$

Consequentemente, o momento total do sistema de partículas será nulo:

Equação 4.55

$$\sum_i^n m_i \mathbf{v'}_i = 0$$

Dessa forma, conseguimos separar a energia cinética, o momento linear e o momento angular em dois termos: (1) um termo que depende apenas da massa total e das coordenadas do CM e (2) um termo que depende apenas das coordenadas internas:

Equação 4.56

$$T = \frac{1}{2}MV^2 + \frac{1}{2}\sum_{i}^{n} m_i v'^2_i$$

Equação 4.57

$$\mathbf{P} = M\mathbf{V}$$

Equação 4.58

$$\mathbf{L} = \mathbf{R} \times M\mathbf{V} + \sum_{i}^{N} \mathbf{r'}_i \times \mathbf{p'}_i$$

Note que o movimento poderá ser separado no movimento do CM se a força externa for conhecida; porém, comumente, essa força depende, de alguma forma, do movimento interno do sistema. Em outras palavras, as equações de movimento internas incluem a força externa, além de dependerem do movimento do próprio CM.

Para alguns casos, contudo, grupos de partículas formam sistemas que podem ser tratados como independentes, como átomos que contêm núcleo e elétrons ou moléculas compostas por átomos, pois, nessas situações, as forças internas são muito mais fortes do que as externas. Assim, as equações de movimento internas dependem apenas das forças internas, e a solução que representa o movimento interno é praticamente independente da força externa e do movimento do CM.

Portanto, temos um sistema que se comporta como uma única partícula, com coordenada **R** e massa M sob a ação de uma força externa **F**, e que, além de energia e momento linear e angular, que podemos chamar de *orbitais*, contém também energia interna e momento angular intrínseco (*spin*), associado ao movimento interno das partículas do sistema.

Síntese

Neste capítulo, abordamos os seguintes temas:

- **Colisão e espalhamento de partículas**

O ângulo de espalhamento é θ (medido no referencial do LAB), pelo qual a partícula de massa m_1 é desviada em seu encontro com a partícula-alvo, de massa m_2. No referencial do CM, ambas as partículas são defletidas sob um ângulo θ'.

Para uma colisão elástica, temos:

$$\tan\theta = \frac{\sen\theta'}{\cos\theta' + \left(\dfrac{m_1}{m_2}\right)}$$

No caso de partículas de massas iguais, com a partícula-alvo inicialmente em repouso, o estado final é formado por vetores velocidade que são perpendiculares entre si:

$$m_1 = m_2 \Rightarrow \psi + \theta = \frac{\pi}{2}$$

Para uma colisão inelástica (supondo que as partículas antes e após a colisão são as mesmas), temos:

$$Q + \frac{p_{1i}^2}{2m_1} + \frac{p \pm_{2i}^2}{2m_2} = \frac{p_{1f}^2}{2m_1} + \frac{p_{2f}^2}{2m_2}$$

O Quadro 4.1 resume as condições do fator-Q e as características das colisões.

Outra forma de caracterizar a colisão é pelo coeficiente de restituição:

$$e \equiv \left|\frac{v_2 - v_1}{u_2 - u_1}\right| \equiv \frac{v_{21}}{u_{21}}$$

O Quadro 4.1 resume as condições do coeficiente de restituição nas colisões.

- **Seção de choque**

A seção de choque σ é uma grandeza que quantifica a proporção de partículas espalhadas e de partículas incidentes, com o número de partículas-alvo por área de interação (densidade de alvos). Para uma esfera, por exemplo, coincide com um disco de raio igual ao da esfera.

Definimos a seção de choque diferencial como:

$$\frac{d\sigma}{d\Omega} = \frac{N(\Omega)}{I(\sigma)}$$

Nessa equação, I é a densidade de partículas por unidade de área e N é a densidade de partículas por unidade de ângulo sólido.

Se for possível obter o ângulo de espalhamento θ como função do parâmetro de impacto s (distância entre o eixo de simetria e a linha da trajetória da partícula incidente), então:

$$\frac{d\sigma}{d\Omega} = \frac{s}{\text{sen}\,\theta}\left|\frac{ds}{d\theta}\right|$$

A seção de choque diferencial para espalhar uma carga *q* fora de uma carga fixa Q é dada pela fórmula de Rutherford:

$$\frac{d\sigma}{d\Omega} = \frac{1}{4}\left(\frac{k}{2E}\right)^2 \frac{1}{\text{sen}^4\left(\frac{\theta}{2}\right)}$$

- **Problema de *N* corpos**

Esse tipo de problema não admite uma solução geral. Entretanto, podemos separar, parcialmente, o problema em duas partes: (1) o movimento do CM do sistema e (2) o movimento das partículas internas do sistema em relação ao CM massa, como na abordagem do Capítulo 3.

Questões para revisão

1) No espalhamento, o parâmetro de impacto é definido como:
   a) a energia cinética máxima das partículas espalhadas.
   b) a menor distância entre a partícula incidente e a partícula-alvo.

c) a menor distância entre a partícula incidente e a partícula-alvo se não houvesse espalhamento.

d) a distância entre a partícula incidente e a partícula-alvo, para a qual há deflexão máxima.

e) a soma dos raios das partículas.

2) O número N de partículas espalhadas a um ângulo θ no experimento de partículas-alfa de Rutherford é proporcional a:

a) $\dfrac{1}{\text{sen}^4(\theta)}$.

b) $\dfrac{1}{\text{sen}^3\left(\dfrac{\theta}{2}\right)}$.

c) $\dfrac{1}{\text{sen}^5\left(\dfrac{\theta}{2}\right)}$.

d) $\dfrac{1}{\text{sen}^4\left(\dfrac{\theta}{2}\right)}$.

e) $\dfrac{1}{\text{sen}^4(2\theta)}$.

3) Uma partícula atinge uma superfície horizontal lisa com velocidade u, fazendo um ângulo θ com a horizontal, e é espalhada de volta com velocidade v, formando um ângulo φ com a superfície. Sendo e o coeficiente de restituição entre a partícula e a superfície, é correto afirmar que:

a) $v = u\sqrt{1-(1-e^2)\mathrm{sen}^2\theta}$.
b) a superfície gera um impulso na partícula: $mu(1+e)\theta$.
c) a razão entre a energia cinética final e a energia cinética inicial é $\mathrm{sen}^2\theta + e^2\cos^2\theta$.
d) $\tan\theta = e\tan\varphi$.
e) Nenhuma das alternativas anteriores.

4) Uma partícula de massa m_1 e velocidade u_1 colide com uma partícula de massa m_2 incialmente em repouso. Supondo-se que as duas se unem após a colisão, qual fração da energia cinética é perdida?

5) Um dêuteron com velocidade de 14,9 km/s colide elasticamente com um nêutron em repouso. Considerando $m_{\text{dêuteron}} \approx 2m_{\text{nêutron}}$, responda:
   a) Se o dêuteron for espalhado sob um ângulo de 10° no referencial do LAB, quais serão as velocidades finais do dêuteron e do nêutron?
   b) Qual é o ângulo de espalhamento do nêutron no referencial do LAB?
   c) Qual é o ângulo máximo possível de espalhamento para o dêuteron?

6) Em uma colisão elástica frontal entre duas partículas, m_1 e m_2 são u_1 e $u_2 = \alpha u_1$ com $\alpha > 0$. Se as energias cinéticas das duas partículas forem iguais no sistema do LAB, encontre as condições para $\dfrac{u_1}{u_2}$ e $\dfrac{m_1}{m_2}$ de modo que tenhamos m_1 em repouso no sistema do LAB após a colisão.

7) Em um experimento de espalhamento, partículas de massa m_1 são espalhadas elasticamente por partículas de massa m_2 inicialmente em repouso. Com base nessas informações, responda:

   a) Em que ângulo θ um detector no referencial do LAB deve ser ajustado para detectar partículas que perdem um terço de sua quantidade de movimento?

   b) Qual é a condição para $\dfrac{m_1}{m_2}$ tornar o item anterior viável?

   c) Qual é o ângulo de espalhamento para $m_1 = m_2$?

8) Mostre que, para uma colisão elástica frontal, $e = 1$. Considere a partícula-alvo inicialmente em repouso.

9) Considere o caso do espalhamento de Rutherford quando $m_1 \gg m_2$ e obtenha uma expressão aproximada para a seção de choque diferencial no sistema do LAB.

10) Um CM fixo espalha uma partícula de massa m de acordo com a lei de força $F(r) = \dfrac{k}{r^3}$. Se a velocidade inicial da partícula é u_0, mostre que a seção de choque total de espalhamento é

$$\sigma(\theta) = \frac{k\pi^2(\pi-\theta)}{mu_0^2\theta^2(2\pi-\theta)^2 \operatorname{sen}\theta}.$$

Questão para reflexão

1) No experimento de espalhamentos de partículas-alfa por lâminas de ouro, Rutherford observou que a grande maioria das partículas atravessava a lâmina sem interagir com ela e algumas poucas eram espalhadas com ângulos maiores do que 90°. Relacione esse resultado com a seção de choque de espalhamento apresentada neste capítulo.

Dinâmica do corpo rígido

5

Conteúdos do capítulo:

- Energia cinética e tensor de inércia.
- Momento angular.
- Eixos principais de inércia.
- Teorema dos eixos paralelos.
- Precessão de um pião.
- Equação de Euler.
- Ângulos de Euler.
- Movimento do pião.

Após o estudo deste capítulo, você será capaz de:

1. interpretar o tensor de inércia;
2. investigar a dependência das grandezas dinâmicas do tensor de inércia;
3. expressar o tensor de inércia em bases diferentes;
4. reconhecer a relação entre a simetria e os eixos principais;
5. construir os ângulos de Euler com base nas rotações dos eixos;
6. indicar as equações de movimento em termos dos ângulos de Euler;
7. descrever o movimento de um pião;
8. identificar os movimentos de precessão e de nutação de um pião.

Chamamos de *corpo rígido* um sistema de muitas partículas em que as posições que ocupam umas em relação às outras se mantêm fixas, isto é, sua forma não pode mudar. Obviamente, um corpo rígido perfeito é uma idealização, entretanto, para efeitos práticos, ignorar alterações nas formas dos corpos em razão de sua elasticidade constitui uma boa aproximação em muitos casos, tornando esse modelo muito útil na descrição de diversos sistemas reais.

O modelo de corpo rígido também reduz severamente o número de parâmetros que descrevem o sistema, pois o movimento do corpo é explicado por três coordenadas que localizam o centro de massa (CM) e três coordenadas que especificam sua orientação. Para especificar a orientação do corpo, usamos três ângulos independentes, os **ângulos de Euler**, medidos em relação a um sistema inercial fixo.

Uma ferramenta poderosa na descrição do movimento do corpo rígido é o **teorema de Chasles**, o qual estabelece que o movimento pode ser dividido em duas fases independentes.

No capítulo anterior, vimos que, se adotarmos o CM como a origem do sistema de referência, o momento angular e a energia cinética do sistema também se dividirão em uma contribuição do movimento do CM e em uma contribuição do movimento em relação ao CM. Note que a primeira porção envolve apenas coordenadas cartesianas, ao passo que a segunda envolve apenas ângulos.

Além disso, se a energia potencial do sistema decorrer de campos uniformes, como, geralmente, são os casos de nosso interesse, ela também poderá ser separada em termos envolvendo apenas coordenadas de translação ou de rotação. Nesses casos, o problema mecânico total pode ser completamente separado em dois, ou seja, a lagrangiana do sistema se divide em um problema apenas de translação e outro apenas de rotação, e cada parte pode ser independentemente resolvida. Esses aspectos consistem em simplificações consideráveis para a descrição do movimento do corpo rígido.

5.1 Energia cinética e tensor de inércia

Vamos descrever o movimento de um corpo rígido em um sistema de referência inercial.

A definição de *corpo rígido* implica que todos os pontos do corpo se movem perpendicularmente a um eixo instantâneo de rotação – linha que passa pela origem e está instantaneamente em repouso –, com velocidade proporcional à distância a esse eixo. Em outras palavras, o corpo está instantaneamente rotacionando em relação ao eixo.

Se o corpo se mover com velocidade angular instantânea ω em relação a um ponto fixo que se move com velocidade linear **V** com relação ao sistema de referência fixo, a velocidade da α-ésima partícula do corpo nesse referencial fixo será:

Equação 5.1

$$\mathbf{v}_\alpha = \mathbf{V} + \omega \times \mathbf{r}_\alpha$$

Com base nisso, podemos relacionar a energia cinética total do sistema com a velocidade angular ω:

Equação 5.2

$$T = \frac{1}{2}\sum_\alpha m_\alpha \mathbf{v}_\alpha^2 = \frac{1}{2}\sum_\alpha m_\alpha \left(\mathbf{V} + \omega \times \mathbf{r}_\alpha\right)^2$$

Expandindo o termo quadrático, obtemos:

Equação 5.3

$$T = \frac{1}{2}\sum_\alpha m_\alpha \mathbf{V}^2 + \sum_\alpha m_\alpha \mathbf{V} \cdot \left(\omega \times \mathbf{r}_\alpha\right) + \frac{1}{2}\sum_\alpha m_\alpha \left(\omega \times \mathbf{r}_\alpha\right)^2$$

Equação 5.4

$$T = \frac{1}{2}M\mathbf{V}^2 + \mathbf{V} \cdot \omega \times \sum_\alpha m_\alpha \mathbf{r}_\alpha + \frac{1}{2}\sum_\alpha m_\alpha \left(\omega \times \mathbf{r}_\alpha\right)^2$$

Essa é uma equação geral para a energia cinética válida em qualquer sistema de referência. Note que o segundo termo do lado direito contém o seguinte termo:

Equação 5.5

$$\sum_\alpha m_\alpha \mathbf{r}_\alpha = M\mathbf{R}$$

Essa é a definição da posição do CM.

O terceiro termo na expressão representa a energia cinética de rotação:

Equação 5.6

$$T_{rot} = \frac{1}{2}\sum_\alpha m_\alpha \left(\omega \times \mathbf{r}_\alpha\right)^2$$

Usando a seguinte identidade:

Equação 5.7

$$\left(\mathbf{a}\times\mathbf{b}\right)^2 = a^2 b^2 - \left(\mathbf{a}\cdot\mathbf{b}\right)^2$$

Obtemos:

Equação 5.8

$$T_{rot} = \frac{1}{2}\sum_\alpha m_\alpha \left[\omega^2 r_\alpha^2 - \left(\omega\cdot\mathbf{r}_\alpha\right)^2\right]$$

Introduzindo a seguinte notação:

$$x_{1,\alpha} \equiv x_\alpha \quad x_{2,\alpha} \equiv y_\alpha \quad x_{3,\alpha} \equiv z_\alpha$$

Podemos escrever:

Equação 5.9

$$T_{rot} = \frac{1}{2}\sum_\alpha m_\alpha \left[\left(\sum_i \omega_i^2\right)\left(\sum_k x_{\alpha,k}^2\right) - \left(\sum_i \omega_i x_{\alpha,i}\right)\left(\sum_j \omega_j x_{\alpha,j}\right)\right]$$

Agora, usamos:

Equação 5.10

$$\omega_i = \sum_j \omega_j \delta_{ij}$$

E obtemos:

Equação 5.11

$$T_{rot} = \frac{1}{2} \sum_\alpha \sum_{ij} m_\alpha \left[\omega_i \omega_j \delta_{ij} \left(\sum_k x_{\alpha,k}^2 \right) - \omega_i \omega_j x_{\alpha,i} x_{\alpha,j} \right]$$

Equação 5.12

$$T_{rot} = \frac{1}{2} \sum_{ij} \omega_i \omega_j \sum_\alpha m_\alpha \left(\delta_{ij} \sum_k x_{\alpha,k}^2 - x_{\alpha,i} x_{\alpha,j} \right)$$

Assim, definimos:

Equação 5.13

$$I_{ij} \equiv \sum_\alpha m_\alpha \left(\delta_{ij} \sum_k x_{\alpha,k}^2 - x_{\alpha,i} x_{\alpha,j} \right)$$

Temos o ij-ésimo elemento do tensor momento de inércia do sistema, em relação ao sistema de referência fixo no qual *r_a* está sendo medido.

❓ O que é?

Tensores são generalizações de escalares (que não têm índices), vetores (que têm exatamente um índice) e matrizes (que têm exatamente dois índices) para um número arbitrário de índices. Um tensor de n-ésima ordem em um espaço m-dimensional é um objeto matemático que contém n índices e m^n componentes, além de obedecer a determinadas regras de transformação.

Portanto, escrevemos a energia cinética de rotação do sistema como:

Equação 5.14

$$T_{rot} = \frac{1}{2}\sum_{ij} I_{ij}\omega_i\omega_j = \frac{1}{2}\omega^T I \omega$$

Os nove termos I_{ij} formam o tensor momento de inércia **I**, que é o fator de proporcionalidade relacionando duas grandezas físicas: a energia cinética rotacional e a velocidade angular. Esse tensor é similar a uma matriz 3 × 3:

Equação 5.15

$$I = \begin{bmatrix} \sum_\alpha m_\alpha(x_{\alpha,2}^2 + x_{\alpha,3}^2) & -\sum_\alpha m_\alpha x_{\alpha,1} x_{\alpha,2} & -\sum_\alpha m_\alpha x_{\alpha,1} x_{\alpha,3} \\ -\sum_\alpha m_\alpha x_{\alpha,2} x_{\alpha,1} & \sum_\alpha m_\alpha(x_{\alpha,1}^2 + x_{\alpha,3}^2) & -\sum_\alpha m_\alpha x_{\alpha,2} x_{\alpha,3} \\ -\sum_\alpha m_\alpha x_{\alpha,3} x_{\alpha,1} & -\sum_\alpha m_\alpha x_{\alpha,3} x_{\alpha,2} & \sum_\alpha m_\alpha(x_{\alpha,1}^2 + x_{\alpha,2}^2) \end{bmatrix}$$

Os elementos diagonais I_{11}, I_{22} e I_{33} são chamados **momentos de inércia** em relação aos eixos x_1, x_2 e x_3, respectivamente.

Os elementos negativos fora da diagonal são chamados **produtos de inércia**, e $I_{ij} = I_{ji}$.

Para o caso de uma distribuição contínua de massa com densidade $\rho(\mathbf{r})$, a expressão do momento de inércia se torna:

Equação 5.16

$$I_{ij} = \int_{\mathcal{V}} \rho(\mathbf{r}) \left(\delta_{ij} \sum_k x_k^2 - x_i x_j \right) d\mathcal{V}$$

Nessa equação, $\mathcal{V}$ é o volume do corpo, e $d\mathcal{V} = dx_1 dx_2 dx_3$, o elemento de volume na porção do corpo localizado por **r**.

Exemplo 5.1

1. Calcule o tensor de inércia para o corpo rígido mostrado na Figura 5.1, formado por quatro massas presas por barras rígidas. A massa das barras pode ser ignorada.

Figura 5.1 – Hemisfério sólido de densidade constante

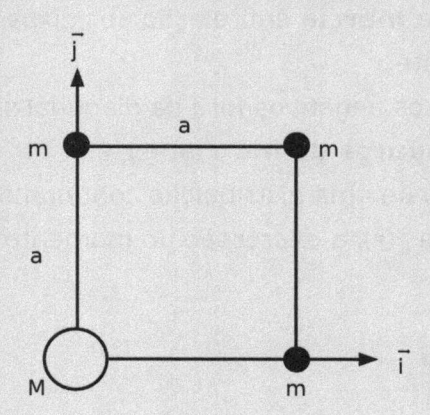

Solução

Note que a massa M não contribui para os elementos do tensor de inércia porque está sobre o eixo de rotação e, portanto, na origem do sistema de referência. Como as massas estão dispostas no plano *xy*, podemos escolher $z = 0$ e, aplicando a Equação 5.13, temos:

$$I_{13} = m_1(-x_1 z_1) + m_2(-x_2 z_2) + m_3(-x_3 z_3) + M(-XZ) = 0$$

E ainda:

$$I_{31} = I_{23} = I_{32} = 0$$

Para o termo I_{12}, temos:

$$I_{12} = -\sum_\alpha m_\alpha x_{\alpha,1} x_{\alpha,2} = m_1(-x_1 y_1) + m_2(-x_2 y_2) + m_3(-x_3 y_{3,}) = -ma^2 = I_{21}$$

Na diagonal, por sua vez, temos:

$$I_{11} = \sum_\alpha m_\alpha \left(r_\alpha^2 - x_\alpha^2\right) = m_1\left(r_1^2 - x_1^2\right) + m_2\left(r_2^2 - x_2^2\right) + m_3\left(r_3^2 - x_3^2\right)$$

$$I_{11} = m\left(a^2 - a^2\right) + m\left(2a^2 - a^2\right) + m\left(a^2 - 0\right) = 2ma^2$$

Por simétrica, $I_{22} = I_{11}$ e:

$$I_{33} = \sum_\alpha m_\alpha \left(r_\alpha^2 - z_\alpha^2\right) = m_1\left(r_1^2 - z_1^2\right) + m_2\left(r_2^2 - z_2^2\right) + m_3\left(r_3^2 - z_3^2\right)$$

$$I_{33} = m\left(a^2 - 0\right) + m\left(2a^2 - 0\right) + m\left(a^2 - 0\right) = 4ma^2$$

Portanto:

$$I = ma^2 \begin{bmatrix} 2 & -1 & 0 \\ -1 & 2 & -0 \\ 0 & 0 & 4 \end{bmatrix}$$

Exemplo 5.2

Calcule o tensor de inércia para o cubo homogêneo de lado a e massa M, cujas arestas são paralelas aos eixos e com um dos cantos coincidindo com a origem do sistema de referência, como ilustra a Figura 5.2

Figura 5.2 – Hemisfério sólido de densidade constante

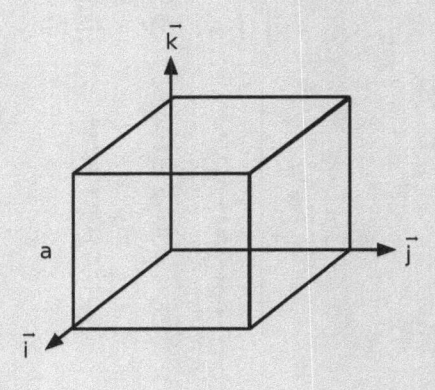

Solução

Com base na expressão para os elementos do tensor de inércia, podemos escrever:

$$I_{11} = \rho \int_{\mathcal{V}} \left(\delta_{11} \sum_{k} \left(x^2 + y^2 + z^2 \right) - x^2 \right) d\mathcal{V} = \rho \int_{\mathcal{V}} \left(y^2 + z^2 \right) dxdydz$$

$$I_{11} = \rho \int_0^a \int_0^a \int_0^a \left(y^2 + z^2 \right) dxdydz = \rho a \int_0^a \int_0^a \left(y^2 + z^2 \right) dydz$$

$$I_{11} = \rho a \int_0^a \left(\frac{a^3}{3} + az^2 \right) dz = \rho a \left(\frac{a^4}{3} + \frac{a^4}{3} \right) = \frac{M}{a^3} \frac{2a^5}{3} = \frac{2}{3} Ma^2$$

Por simetria, $I_{11} = I_{22} = I_{33}$. Para os produtos de inércia, então:

$$I_{12} = I_{21} = \rho \int_{\mathcal{V}} (-xy) d\mathcal{V} = -\rho \int_0^a \int_0^a \int_0^a xydxdydz = -\rho a \int_0^a \int_0^a xydxdy$$

$$I_{12} = -\rho a \int_0^a xdx \int_0^a ydy = -\frac{1}{4} Ma^2$$

E ainda:

$$I_{13} = I_{31} = \rho \int_{\mathcal{V}} (-xz) d\mathcal{V} = -\frac{1}{4} Ma^2$$

$$I_{23} = I_{32} = \rho \int_{\mathcal{V}} (-yz) d\mathcal{V} = -\frac{1}{4} Ma^2$$

Isso resulta em:

$$I = Ma^2 \begin{bmatrix} \frac{2}{3} & -\frac{1}{4} & -\frac{1}{4} \\ -\frac{1}{4} & \frac{2}{3} & -\frac{1}{4} \\ -\frac{1}{4} & -\frac{1}{4} & \frac{2}{3} \end{bmatrix}$$

Exemplo 5.3

Calcule o tensor de inércia para o cilindro homogêneo de raio R e altura *h* da Figura 5.3 em relação a seu CM.

Figura 5.3 – Coordenadas cilíndricas e cilindro sólido de densidade constante

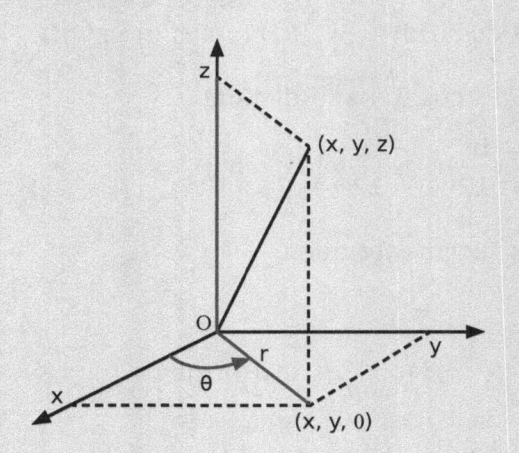

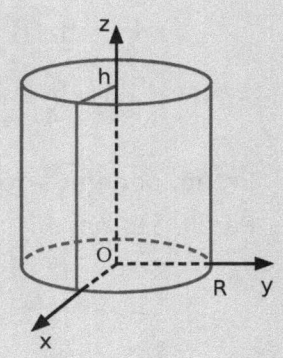

Solução
Em coordenadas cilíndricas, temos:

$$\begin{cases} x_1 = R\cos\theta \\ x_2 = R\,\text{sen}\,\theta \\ x_3 = z \end{cases}$$

A expressão para os elementos do tensor de inércia é:

$$I_{ij} = \rho \int_{\mathcal{V}} \left(\delta_{ij}\left(R^2 + z^2\right) - x_i x_j \right) d\mathcal{V}$$

Nessa equação, $d\mathcal{V} = R\,d\theta\,dR\,dz$.

Para os produtos de inércia, podemos verificar facilmente, integrando em θ, que:

$$\rho\int_{\mathcal{V}}\left(-x_i x_j\right)d\mathcal{V} = 0$$

Isso vale para $i \neq j$.

Para a diagonal, temos:

$$I_{11} = \rho\int_{\mathcal{V}}\left(\delta_{11}\left(R^2 + z^2\right) - R^2\cos^2\theta\right)d\mathcal{V} = \rho\int_{\mathcal{V}}\left[R^2\left(1 - \cos^2\theta\right) + z^2\right]d\mathcal{V}$$

$$I_{11} = \rho\int_{\mathcal{V}}\left[R^2\left(1 - \cos^2\theta\right) + z^2\right]Rd\theta dRdz =$$

$$= \rho\left(\pi\frac{a^4}{4}h + \pi\frac{h^3}{12}a^2\right) = \frac{1}{12}M\left(3a^2 + h^2\right)$$

Então, podemos ver facilmente que $I_{22} = I_{11}$.

Para I_{33}, temos:

$$I_{33} = \rho\int_{\mathcal{V}}\left(\delta_{33}\left(R^2 + z^2\right) - z^2\right)d\mathcal{V} = \rho\int_{\mathcal{V}}R^2 d\mathcal{V}$$

$$I_{33} = \rho\int_{\mathcal{V}}R^3 d\theta dRdz = \rho\left(2\pi\frac{a^4}{4}h\right) = \frac{1}{2}Ma^2$$

Portanto:

$$I = M\begin{bmatrix} \dfrac{\left(3a^2 + h^2\right)}{12} & 0 & 0 \\ 0 & \dfrac{\left(3a^2 + h^2\right)}{12} & 0 \\ 0 & 0 & \dfrac{a^2}{2} \end{bmatrix}$$

5.2 Momento angular

O momento angular do corpo rígido, em relação a uma origem fixa no sistema de referência do corpo, é dado por:

Equação 5.17

$$L = \sum_\alpha r_\alpha \times p_\alpha$$

Como $p_\alpha = m_\alpha v_\alpha = m_\alpha \omega \times r_\alpha$, temos:

Equação 5.18

$$L = \sum_\alpha m_\alpha r_\alpha \times (\omega \times r_\alpha)$$

Usamos a seguinte identidade:

Equação 5.19

$$a \times (b \times c) = a^2 b - a(a \cdot b)$$

Podemos expressar **L** como:

Equação 5.20

$$L = \sum_\alpha m_\alpha \left[r_\alpha^2 \omega - r_\alpha (r_\alpha \cdot \omega) \right]$$

Usando a mesma notação da seção anterior, podemos escrever as componentes de **L** da seguinte forma:

Equação 5.21

$$L_i = \sum_\alpha m_\alpha \left(\omega_i \sum_k x_{\alpha,k}^2 - x_{\alpha,i} \sum_j \omega_j x_{\alpha,j} \right)$$

Equação 5.22

$$L_i = \sum_\alpha m_\alpha \sum_j \left(\omega_j \delta_{ij} \sum_k x_{\alpha,k}^2 - x_{\alpha,i} \omega_j x_{\alpha,j} \right)$$

Equação 5.23

$$L_i = \sum_j \omega_j \sum_\alpha m_\alpha \sum_j \left(\delta_{ij} \sum_k x_{\alpha,k}^2 - x_{\alpha,i} x_{\alpha,j} \right)$$

Nessa equação, reconhecemos o ij-ésimo elemento do tensor de inércia, de modo que:

Equação 5.24

$$L_i = \sum_j I_{ij} \omega_j$$

Ou então:

Equação 5.25

$$L = I\omega$$

Como podemos ver, o tensor de inércia relaciona cada componente do vetor momento angular a uma soma sobre as componentes do vetor velocidade angular. Isso fornece um resultado um tanto surpreendente, pois, se o tensor de inércia do corpo rígido tiver elementos não nulos fora da diagonal, os vetores momento angular e velocidade angular não terão a mesma direção.

Como exemplo, considere um corpo rígido, mostrado na Figura 5.4, formado por uma massa m presa na extremidade de uma vareta cuja massa pode ser ignorada. A vareta forma um ângulo fixo com o eixo z e, em sua outra extremidade, está um pivô, de modo que o corpo rígido rotaciona em torno do eixo z.

Figura 5.4 – Relação vetorial entre a velocidade e o momento angular

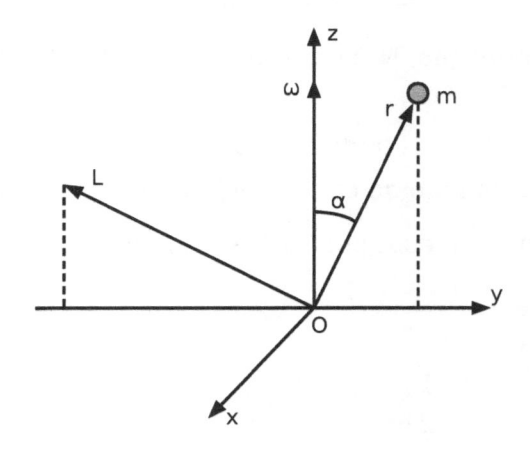

Fonte: Taylor, 2005, p. 375.

O corpo rígido da figura mostra o momento em que a massa m se encontra no plano xy e, como o corpo rotaciona em torno do eixo z, sua velocidade aponta na direção x negativa.

O momento angular $\mathbf{L} = \mathbf{r} \times m\mathbf{v}$ aponta na direção mostrada, formando um ângulo de $90° - \alpha$ com o eixo z. Como ilustrado na Figura 5.4, L_y não é zero, e o momento angular $\mathbf{L}$ não é paralelo à velocidade angular ω.

Também notamos, nesse exemplo, que é necessário haver um torque aplicado constantemente para manter o corpo rotacionado, pois o vetor momento angular $\mathbf{L}$ não é constante; ao contrário, ele gira em torno do eixo z com velocidade angular ω. Portanto:

Equação 5.26

$$\dot{\mathbf{L}} = \mathbf{N} \neq \mathbf{0}$$

Nessa equação, $\mathbf{N}$ é o torque externo total aplicado no corpo.

Uma relação útil pode ser obtida entre a energia cinética de rotação do corpo rígido e o momento angular, multiplicando-se este por $\frac{1}{2}\omega_i$ e somando-o em i:

Equação 5.27

$$\frac{1}{2}\sum_i \omega_i L_i = \frac{1}{2}\sum_{i,j} I_{ij}\omega_i\omega_j = T_{rot}$$

Isso resulta em:

Equação 5.28

$$T_{rot} = \frac{1}{2}\omega \cdot \mathbf{L}$$

Perceba que o produto de um tensor com um vetor resulta em um vetor e que o produto de um tensor com dois vetores resulta em um escalar.

Exemplo 5.4

Calcule o momento angular **L** para o cubo do Exemplo 5.2, para o caso em que ele esteja rotacionando em torno do eixo x com velocidade angular ω.

Solução

O momento angular **L** correspondente à velocidade angular ω é dado pelo produto matricial **L** = **I**ω, em que interpretamos **L** e ω como uma matriz de colunas 3 × 1, cujos elementos são as componentes do vetor:

$$\mathbf{L} = \begin{bmatrix} L_x \\ L_y \\ L_z \end{bmatrix} \quad \text{e} \quad \omega = \begin{bmatrix} \omega_x \\ \omega_y \\ \omega_z \end{bmatrix}$$

Para o caso de o cubo rotacionar em torno do eixo x, temos:

$$\mathbf{L} = Ma^2 \begin{bmatrix} \frac{2}{3} & -\frac{1}{4} & -\frac{1}{4} \\ -\frac{1}{4} & \frac{2}{3} & -\frac{1}{4} \\ -\frac{1}{4} & -\frac{1}{4} & \frac{2}{3} \end{bmatrix} \begin{bmatrix} \omega \\ 0 \\ 0 \end{bmatrix} = \frac{1}{12} Ma^2 \begin{bmatrix} 8\omega \\ -3\omega \\ -3\omega \end{bmatrix}$$

Na notação mais usual, temos:

$$\mathbf{L} = Ma^2 \omega \left(\frac{2}{3}\hat{\mathbf{i}} - \frac{1}{4}\hat{\mathbf{j}} - \frac{1}{4}\hat{\mathbf{k}} \right)$$

Como podemos ver, **L** e ω não são paralelos.

Exemplo 5.5

Vimos que, comumente, a direção do momento angular não coincide com a direção do eixo de rotação, isto é, **L** e ω não são paralelos. Isso acontece porque os produtos de inércia, elementos fora da diagonal do tensor de inércia, são, normalmente, não nulos.

Segue-se que, se tivermos apenas os elementos diagonais do tensor de inércia não nulos, o momento angular **L** e a velocidade angular ω terão a mesma direção, e ganharemos uma considerável simplificação nas expressões do momento angular e da energia cinética de rotação do corpo, pois poderemos escrever:

Equação 5.29

$$I_{ij} = I_i \delta_{ij}$$

O tensor de inércia será dado por:

Equação 5.30

$$\mathbf{I} = \begin{bmatrix} I_1 & 0 & 0 \\ 0 & I_2 & 0 \\ 0 & 0 & I_3 \end{bmatrix}$$

Portanto:

Equação 5.31

$$L_i = \sum_j I_i \delta_{ij} \omega_j = I_i \omega_i$$

E:

Equação 5.32

$$T_{rot} = \frac{1}{2}\sum_{i,j} I_i \delta_{ij}\omega_i\omega_j = \frac{1}{2}\sum_i I_i \omega_i^2$$

Queremos, portanto, determinar o sistema de coordenadas no qual **L** é paralelo a ω e, consequentemente, os produtos de inércia se anulam. Os eixos desse sistema de coordenadas são chamados **eixos principais de inércia** e estão diretamente conectados com as simetrias do corpo.

Dois vetores **L** e ω serão paralelos se e somente se **L** = λω para algum λ real. Como **L** = **I**ω, segue-se que ω deverá satisfazer a:

Equação 5.33

$$\mathbf{I}\omega = \lambda\omega$$

A estrutura dessa equação define o que chamamos **equação de autovalor**. Uma expressão desse tipo indica a ideia de que uma operação matemática em um vetor, no caso ω, gera outro vetor, **I**ω, que tem a mesma direção do primeiro.

O vetor ω que satisfaz a essa equação é chamado **autovetor**, e o correspondente λ é chamado **autovalor**. Nesse caso, o problema de autovalor nos leva às direções do vetor ω, que são as direções dos eixos principais de inércia, e ao autovalor λ, que corresponde aos momentos de inércia em relação a esses eixos, a que denominamos **momentos principais de inércia**.

Reconhecendo que se trata de uma equação matricial, temos que $\omega = \mathbf{1}\omega$, em que **1** é a matriz unitária 3×3, e podemos escrever:

Equação 5.34

$$(\mathbf{I} - \lambda\mathbf{1})\omega = 0$$

Essa equação matricial tem a forma $\mathbf{M}\omega = 0$ e, de fato, representa três equações simultâneas para três números: ω_x, ω_y e ω_z.

Esse sistema de equações tem solução não nula se e somente se $\det(\mathbf{M}) = 0$, ou seja:

Equação 5.35

$$\det(\mathbf{I} - \lambda\mathbf{1}) = 0$$

Essa equação é chamada *equação característica* ou *equação secular*.

Exemplo 5.6

Encontre os eixos principais de inércia e os momentos principais de inércia para o cubo do Exemplo 5.2.

Solução

Utilizando eixos paralelos às arestas do cubo, obtemos:

$$\mathbf{I} = Ma^2 \begin{bmatrix} \frac{2}{3} & -\frac{1}{4} & -\frac{1}{4} \\ -\frac{1}{4} & \frac{2}{3} & -\frac{1}{4} \\ -\frac{1}{4} & -\frac{1}{4} & \frac{2}{3} \end{bmatrix} = \mu \begin{bmatrix} 8 & -3 & -3 \\ -3 & 8 & -3 \\ -3 & -3 & 8 \end{bmatrix}$$

Nessa matriz, introduzimos, por simplicidade, a abreviação $\mu = \frac{Ma^2}{12}$. Uma vez que **I** não é diagonal, obviamente os eixos escolhidos não são os principais.

Para determinar os eixos e os momentos principais, inicialmente vamos determinar os autovalores λ que satisfazem a:

$$\det(\mathbf{I} - \lambda\mathbf{1}) = 0$$

Com a ajuda de:

$$\mathbf{I} - \lambda\mathbf{1} = \mu \begin{bmatrix} 8 & -3 & -3 \\ -3 & 8 & -3 \\ -3 & -3 & 8 \end{bmatrix} - \begin{bmatrix} \lambda & 0 & 0 \\ 0 & \lambda & 0 \\ 0 & 0 & \lambda \end{bmatrix} = \begin{bmatrix} 8\mu - \lambda & -3\mu & -3\mu \\ -3\mu & 8\mu - \lambda & -3\mu \\ -3\mu & -3\mu & 8\mu - \lambda \end{bmatrix}$$

Obtemos, então:

$$\det(\mathbf{I} - \lambda\mathbf{1}) = (2\mu - \lambda)(11\mu - \lambda)^2$$

As raízes da equação característica $\det(\mathbf{I} - \lambda\mathbf{1}) = 0$ são os autovalores que procuramos:

$$\lambda_1 = 2\mu \quad \text{e} \quad \lambda_2 = \lambda_3 = 11\mu$$

Note que duas das três raízes são iguais.

Para determinar os autovetores, examinamos a equação $(\mathbf{I} - \lambda\mathbf{1})\omega = 0$ para cada autovalor obtido.

Para $\lambda = \lambda_1$, temos:

$$(\mathbf{I} - \lambda\mathbf{1})\omega = \mu \begin{bmatrix} 6 & -3 & -3 \\ -3 & 6 & -3 \\ -3 & -3 & 6 \end{bmatrix} \begin{bmatrix} \omega_x \\ \omega_y \\ \omega_z \end{bmatrix} = 0$$

Que resulta em:
$$\begin{cases} 2\omega_x - \omega_y - \omega_z = 0 \\ -\omega_x + 2\omega_y - \omega_z = 0 \\ -\omega_x - \omega_y + 2\omega_z = 0 \end{cases}$$

Subtraindo a segunda da primeira, obtemos:

$$\omega_x = \omega_y = \omega_z$$

Ou seja, o primeiro vetor está na direção $(\hat{i} + \hat{j} + \hat{k}) = (1, 1, 1)$, que está ao longo da diagonal do cubo. Isso era esperado, uma vez que a diagonal é um eixo de simetria do corpo que passa pela origem do sistema. Essa direção especifica nosso primeiro eixo principal de inércia, isto é, se ω estiver ao longo de $(1, 1, 1)$, então $\mathbf{L} = \lambda_1 \omega$.

Com base nisso, definimos o vetor unitário:

$$\mathbf{e}_1 = \frac{1}{\sqrt{3}}(1, 1, 1)$$

Nesse vetor, o momento de inércia em relação a $\mathbf{e}_1$ é dado por $\lambda_1 = 2\mu = \dfrac{Ma^2}{6}$.

Para $\lambda = \lambda_2$, temos:

$$(\mathbf{I} - \lambda\mathbf{1})\omega = \mu \begin{bmatrix} -3 & -3 & -3 \\ -3 & -3 & -3 \\ -3 & -3 & -3 \end{bmatrix} \begin{bmatrix} \omega_x \\ \omega_y \\ \omega_z \end{bmatrix} = 0$$

Que resulta em apenas uma equação:

$$\omega_x + \omega_y + \omega_z = 0$$

Ou seja, não determina unicamente a direção do autovetor ω.

De fato, ω precisa apenas ser ortogonal ao eixo principal e_1. Em outras palavras, quaisquer direções e_2 e e_3 perpendiculares a e_1 são eixos principais de inércia e têm momentos principais de inércia $\lambda_2 = \lambda_3 = 11\mu = 11\dfrac{Ma^2}{12}$.

Essa conclusão também pode ser obtida interpretando-se a equação $\omega_x + \omega_y + \omega_z = 0$ como o produto escalar de ω com o vetor (1, 1, 1), ou seja, $\omega \cdot e_1 = 0$, wque é a condição matemática para que ω e e_1 sejam perpendiculares entre si.

Vale ressaltar que a liberdade de escolha dos dois últimos eixos principais decorre do fato de que há dois autovalores iguais.

Podemos, agora, escrever o tensor de inércia I_p com relação aos eixos principais de inércia e_1, e_2 e e_3:

$$I_p = \begin{bmatrix} \lambda_1 & 0 & 0 \\ 0 & \lambda_2 & 0 \\ 0 & 0 & \lambda_3 \end{bmatrix} = \frac{1}{12}Ma^2 \begin{bmatrix} 2 & 0 & 0 \\ 0 & 11 & 0 \\ 0 & 0 & 11 \end{bmatrix}$$

O novo tensor I_p é diagonal quando escrito em relação aos eixos principais, por isso a determinação dos eixos principais de inércia também é chamada de *diagonalização do tensor de inércia*.

> **Para saber mais**
>
> BOAS, M. L. **Mathematical Methods in the Physical Sciences**. 3 ed. New Jersey: John Wiley & Sons, 2006. Para aprofundar seus estudos na álgebra de tensores, sugerimos esse ótimo livro de graduação, muito bem escrito e bastante abrangente.

5.3 Teorema dos eixos paralelos

Em algumas situações, é conveniente calcularmos os elementos do tensor de inércia em um sistema de coordenadas que não seja o do CM do corpo rígido. Consideramos, portanto, outro sistema de eixos x'_i fixo em relação ao corpo, que pode estar nele ou fora dele, cujos eixos têm a mesma orientação dos eixos x_i cuja origem é o CM.

Figura 5.5 – Relação entre coordenadas em dois sistemas

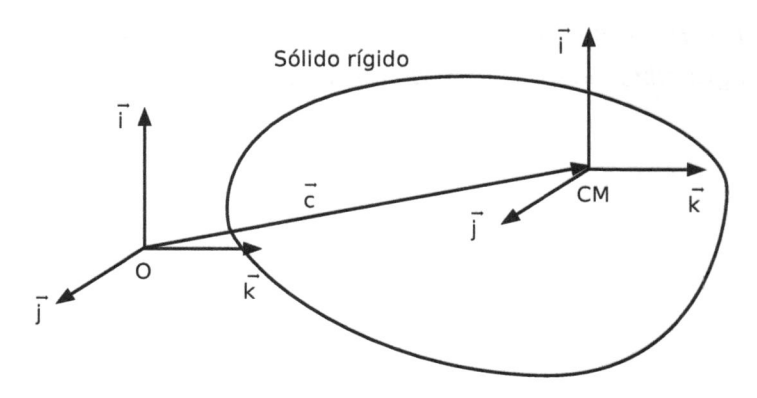

Os elementos do tensor de inércia relativos aos eixos x'_i são:

Equação 5.36

$$I'_{ij} = \sum_{\alpha} m_{\alpha} \left(\delta_{ij} \sum_{k} {x'}_{\alpha,k}^{2} - x'_{\alpha,i} x'_{\alpha,j} \right)$$

Como o vetor conectando as origens dos dois sistemas com eixos paralelos é c, como mostra a Figura 5.5, temos:

Equação 5.37

$$x'_{\alpha,i} = c_i + x_{\alpha,i}$$

Usando essa relação, obtemos:

Equação 5.38

$$I'_{ij} = \sum_{\alpha} m_{\alpha} \left(\delta_{ij} \sum_{k} (c_k + x_{\alpha,k})^2 - (c_i + x_{\alpha,i})(c_j + x_{\alpha,j}) \right)$$

Podemos expandir os termos quadráticos, devendo observar que os termos cruzados se anulam, uma vez que envolvem produtos com $\sum_{\alpha} m_{\alpha} x_{\alpha,i}$, que é igual a zero, já que a origem do sistema de eixos x_i está no CM.

Assim, chegamos a:

Equação 5.39

$$I'_{ij} = \sum_{\alpha} m_{\alpha} \left(\delta_{ij} \sum_{k} x_{\alpha,k}^2 - x_{\alpha,i} x_{\alpha,j} \right) + \sum_{\alpha} m_{\alpha} \left(\delta_{ij} \sum_{k} c_k^2 - c_i c_j \right)$$

Ou seja:

Equação 5.40

$$I'_{ij} = I_{ij} + M\left(c^2\delta_{ij} - c_i c_j\right)$$

Essa equação permite calcular, de forma fácil, os elementos I'_{ij} do tensor de inércia em um sistema de eixos qualquer, apenas com o conhecimento dos elementos no sistema de eixos com origem no CM. Esse resultado é conhecido como **teorema dos eixos paralelos** ou **teorema de Huygens-Steiner**.

Exemplo 5.7

Encontre o tensor de inércia para o cubo da Figura 5.2 em um sistema de coordenadas com origem em seu CM.

Solução

No exemplo da Figura 5.2, obtivemos o tensor de inércia para um sistema de coordenadas cuja origem estava em um canto do cubo:

$$I' = Ma^2 \begin{bmatrix} \frac{2}{3} & -\frac{1}{4} & -\frac{1}{4} \\ -\frac{1}{4} & \frac{2}{3} & -\frac{1}{4} \\ -\frac{1}{4} & -\frac{1}{4} & \frac{2}{3} \end{bmatrix}$$

Aplicando o teorema dos eixos paralelos e notando que $c = \left(\frac{a}{2}, \frac{a}{2}, \frac{a}{2}\right)$, temos:

$$I_{11} = I'_{11} - M\left(c^2 - c_1^2\right)$$

$$I_{11} = I'_{11} - M\left(c_2^2 + c_3^2\right)$$

$$I_{11} = \frac{2}{3}Ma^2 - \frac{1}{2}Ma^2 = \frac{1}{6}Ma^2$$

E ainda:

$$I_{12} = I'_{12} - M\left(-c_1 c_2\right)$$

$$I_{12} = -\frac{1}{4}Ma^2 - \frac{1}{4}Ma^2 = 0$$

É fácil notar que $I_{11} = I_{22} = I_{33}$ e que $I_{12} = I_{13} = I_{23} = 0$, de modo que:

$$\mathbf{I} = Ma^2 \begin{bmatrix} \frac{1}{6} & 0 & 0 \\ 0 & \frac{1}{6} & 0 \\ 0 & 0 & \frac{1}{6} \end{bmatrix} = \frac{1}{6}Ma^2 \begin{bmatrix} 1 & 0 & 0 \\ 0 & 1 & 0 \\ 0 & 0 & 1 \end{bmatrix}$$

Esse é o tensor de inércia diagonal, pois, agora, o eixo de simetria coincide com os eixos do sistema de coordenadas.

5.4 Precessão de um pião

Um problema interessante para aplicação dos estudos sobre o momento angular de um corpo rígido é o da precessão de um pião.

Consideremos um pião simétrico como ilustrado na Figura 5.6, com pivô na origem de um sistema de coordenadas fixo e formando um ângulo θ com o eixo z.

Figura 5.6 – Dois sistemas de coordenadas com eixos paralelos e cujas origens se relacionam pelo vetor **c**

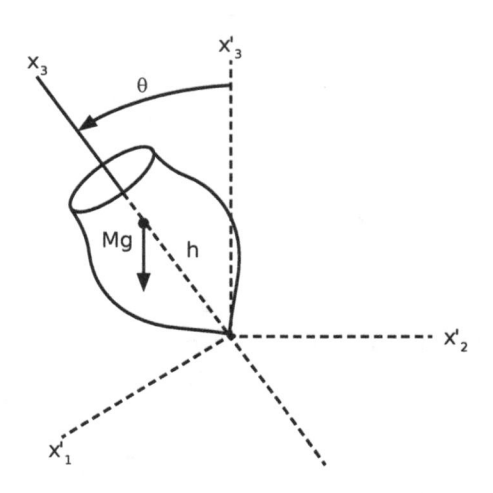

Como o pião rotaciona sobre um eixo principal de inércia, direção e_3, que é seu eixo de simetria, o tensor de inércia é diagonal:

Equação 5.41

$$\mathbf{I} = \begin{bmatrix} \lambda_1 & 0 & 0 \\ 0 & \lambda_2 & 0 \\ 0 & 0 & \lambda_3 \end{bmatrix}$$

Com o pião rotacionando com velocidade angular $\boldsymbol{\omega} = \omega \mathbf{e}_3$, o momento angular é descrito da seguinte forma:

Equação 5.42

$$\mathbf{L} = \lambda_3 \boldsymbol{\omega} = \lambda_3 \omega \mathbf{e}_3$$

A força gravitacional gera um torque **N** = **R** × M**g**, cuja magnitude é $RMg \operatorname{sen} \theta$ e a direção é perpendicular ao eixo z fixo e ao eixo de simetria do pião, portanto, uma variação no momento angular $\dot{\mathbf{L}} = \mathbf{N}$.

Consideraremos, aqui, a aproximação de que o torque resultante é suficientemente pequeno, de modo que a variação em ω é diminuta, ou seja, ω_1 e ω_2 permanecem baixos e a principal contribuição para o momento angular é a rotação em relação a $\mathbf{e}_3$.

Além disso, o torque $\mathbf{N}$ permanece perpendicular ao momento angular, de forma que $\mathbf{L}$ muda em direção, mas não em módulo.

Segue que a ação do torque muda a direção de $\mathbf{e}_3$, de acordo com:

Equação 5.43

$$\mathbf{R} \times M\mathbf{g} = \lambda_3 \omega \dot{\mathbf{e}}_3$$

Como $\mathbf{R} = R\mathbf{e}_3$ e $\mathbf{g} = -g\hat{\mathbf{k}}$, temos:

Equação 5.44

$$\dot{\mathbf{e}}_3 = \frac{RMg}{\lambda_3 \omega} \hat{\mathbf{k}} \times \mathbf{e}_3 = \Omega \times \mathbf{e}_3$$

Isso quer dizer que o eixo $\mathbf{e}_3$ do pião rotaciona com velocidade angular Ω em torno do eixo z. Esse movimento é chamado de **precessão**, pelo qual o eixo do pião rotaciona lentamente em um cone com ângulo θ fixo em torno do eixo z e com velocidade angular

$$\Omega = \frac{RMg}{\lambda_3 \omega}.$$

5.5 Equação de Euler

A equação de Euler pode ser interpretada como a versão rotacional da segunda lei de Newton, ou seja, um conjunto de equações de movimento para um corpo rígido em rotação.

Vimos, nas últimas seções, que há uma grande simplificação das equações quando usamos os eixos principais de inércia do corpo; entretanto, esses eixos são fixos com o corpo, ou seja, um sistema de referência em rotação. Precisamos, então, adotar um sistema fixo no espaço e, portanto, inercial, para o qual valem as leis de Newton. Nesse sistema fixo, os eixos serão **x**, **y** e **z**. Para o sistema de coordenadas fixo ao corpo em rotação, usaremos os eixos e_1, e_2 e e_3. Esses sistemas são ilustrados na Figura 5.7.

Figura 5.7 – Dois sistemas de coordenadas: sistema inercial fixo no espaço e sistema em rotação fixo no corpo

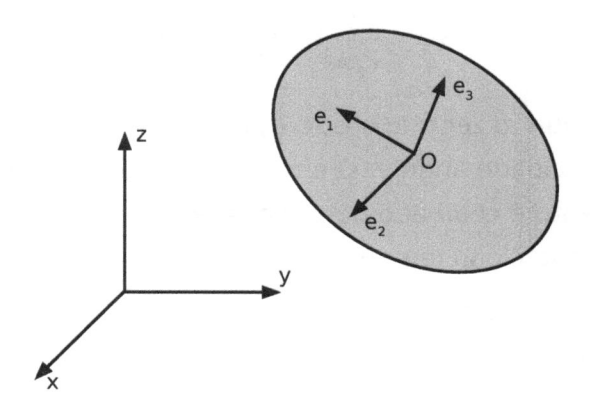

No sistema do corpo, se a velocidade angular for ω, o momento angular será $\mathbf{L} = (\lambda_1\omega_1, \lambda_2\omega_2, \lambda_3\omega_3)$.
Se um torque **N** agir no corpo, então, no sistema de coordenadas fixo no espaço, teremos:

Equação 5.45

$$\left(\frac{d\mathbf{L}}{dt}\right)_{fixo} = \mathbf{N}$$

Essa taxa de variação vista no referencial do corpo, que é um referencial em rotação, será:

Equação 5.46

$$\left(\frac{d\mathbf{L}}{dt}\right)_{fixo} = \dot{\mathbf{L}} + \omega \times \mathbf{L}$$

Nessa equação, a notação de ponto representa a derivada temporal no sistema de referência do corpo, que rotaciona com velocidade ω (a mesma do corpo, obviamente):

Equação 5.47

$$\left(\frac{d\mathbf{L}}{dt}\right)_{corpo} = \dot{\mathbf{L}}$$

Finalmente, obtemos:

Equação 5.48

$$\dot{\mathbf{L}} + \omega \times \mathbf{L} = \mathbf{N}$$

Essa é a chamada **equação de Euler**.

Abrindo-a em componentes, obtemos:

Equação 5.49

$$\begin{cases} \lambda_1 \dot\omega_1 - (\lambda_2 - \lambda_3)\omega_2\omega_3 = N_1 \\ \lambda_2 \dot\omega_2 - (\lambda_3 - \lambda_1)\omega_3\omega_1 = N_2 \\ \lambda_3 \dot\omega_3 - (\lambda_1 - \lambda_2)\omega_1\omega_2 = N_3 \end{cases}$$

Essas equações determinam o movimento de rotação de um corpo visto no referencial do corpo e, geralmente, a dificuldade está em expressar o torque nesse referencial. Segue-se que as equações de Euler se tornam úteis, sobremaneira, na ausência de torques externos.

5.5.1 Momento angular e estabilidade na rotação de um corpo rígido

Considerando um corpo em rotação sem ação de torques externos, temos:

Equação 5.50

$$\begin{cases} \lambda_1 \dot\omega_1 = (\lambda_2 - \lambda_3)\omega_2\omega_3 \\ \lambda_2 \dot\omega_2 = (\lambda_3 - \lambda_1)\omega_3\omega_1 \\ \lambda_3 \dot\omega_3 = (\lambda_1 - \lambda_2)\omega_1\omega_2 \end{cases}$$

Caso 1

Se o corpo tiver três momentos principais de inércia diferentes ($\lambda_1 \neq \lambda_2 \neq \lambda_3$) e estiver, inicialmente, em rotação, com velocidade angular ω em torno de um dos eixos principais de inércia, digamos e_3, como no exemplo do pião, então $\omega_1 = \omega_2 = 0$ e:

Equação 5.51

$$\begin{cases} \lambda_1 \dot{\omega}_1 = 0 \\ \lambda_2 \dot{\omega}_2 = 0 \\ \lambda_3 \dot{\omega}_3 = 0 \end{cases}$$

Em que $\omega = \omega_3 =$ constante, ou seja, o corpo continuará rotacionando com velocidade angular ω.

Isso se aplica aos dois referenciais, pois o momento angular $L = \lambda_3 \omega e_3$ é visto como constante em qualquer sistema de referência inercial. Logo, se o corpo estiver inicialmente rotacionando em um eixo principal sem sofrer a ação de um torque externo, ele continuará rotacionando indefinidamente nesse eixo com velocidade angular constante.

Se, inicialmente, o corpo não estiver rotacionando em um eixo principal, então a velocidade angular não será constante, pois, nesse caso, ω terá, pelo menos, duas componentes não nulas e, portanto, pelo menos uma componente $\dot{\omega}$ será não nula também.

Por exemplo, suponhamos que ω_1 e ω_2 sejam não nulas. Então:

Equação 5.52

$$\lambda_3 \dot{\omega}_3 = (\lambda_1 - \lambda_2)\omega_1 \omega_2$$

Assim, teremos $\dot{\omega}_3 \neq 0$, ou seja, ω não será constante. Com esses resultados, concluímos que, para o caso de um corpo com três momentos principais de inércia diferentes, a única forma de haver uma rotação com velocidade angular constante é que o corpo esteja rotacionando por um dos eixos principais.

Podemos indagar sobre a estabilidade desse movimento: Se lhe fizermos uma pequena perturbação, colocando, por exemplo, valores para ω_1 e ω_2 diferentes de zero inicialmente, eles vão permanecer pequenos ou vão crescer exponencialmente com o tempo?

Com base na equação de Euler para ω_3, temos:

Equação 5.53

$$\lambda_3 \dot{\omega}_3 = (\lambda_1 - \lambda_2)\omega_1 \omega_2$$

Podemos notar que a variação dessa componente da velocidade angular é da ordem do produto entre ω_1 e ω_2 e, como supomos os dois muito pequenos, temos ω_3 aproximadamente constante.

Para as outras duas equações, podemos considerar:

Equação 5.54

$$\Omega_1 = \frac{(\lambda_2 - \lambda_3)}{\lambda_1} \omega_3 \cong \text{constante}$$

Equação 5.55

$$\Omega_2 = \frac{(\lambda_3 - \lambda_1)}{\lambda_2} \omega_3 \cong \text{constante}$$

Assim, escrevemos:

Equação 5.56

$$\begin{cases} \dot{\omega}_1 = \Omega_1 \omega_2 \\ \dot{\omega}_2 = \Omega_2 \omega_1 \end{cases}$$

Derivando a primeira equação e substituindo-a na segunda, obtemos:

Equação 5.57

$$\ddot{\omega}_1 = \Omega_1 \Omega_2 \omega_1 = \Omega' \omega_1$$

Se o coeficiente Ω' for negativo, ω_1 será uma função senoidal, ou seja, ω_1 perfará pequenas oscilações em torno de zero, e, como $\dot{\omega}_2$ é proporcional a ω_1, também fará pequenas oscilações em torno de zero.

Devemos lembrar que:

Equação 5.58

$$\Omega' = -\frac{(\lambda_3 - \lambda_2)(\lambda_3 - \lambda_1)}{\lambda_1 \lambda_2} \omega_3^2$$

Notamos, então, que esse comportamento de pequenas oscilações ocorrerá se λ_3 for maior do que os outros (λ_1 e λ_2), ou, se λ_3 for menor do que ambos, isto é, se o corpo estiver rotacionando sobre o eixo principal com o maior ou o menor momento de inércia, o movimento será **estável** sob pequenas **perturbações**.

Contrariamente, se Ω' for positivo, uma vez que ω_1 e $\dot{\omega}_1$ têm o mesmo sinal (por causa da condição inicial da perturbação), ω_1 crescerá exponencialmente com ω_2 e o movimento será instável. Perceba que isso acontece quando λ_3 tem o valor entre λ_1 e λ_2.

Caso 2

Se o corpo tiver dois dos três momentos principais de inércia iguais, como no caso do pião, por exemplo, com $\lambda_1 = \lambda_2 \neq \lambda_3$, obteremos uma simplificação significativa, pois, pela terceira equação de Euler:

Equação 5.59

$$\dot{\omega}_3 = 0$$

Portanto, ω_3 = constante.

Podemos, então, escrever:

Equação 5.60

$$\Omega = \frac{(\lambda_1 - \lambda_3)}{\lambda_1}\omega_3 = \text{constante}$$

Assim, as equações de Euler ficam:

Equação 5.61

$$\begin{cases} \dot{\omega}_1 = \Omega \omega_2 \\ \dot{\omega}_2 = -\Omega \omega_1 \end{cases}$$

Para desacoplar esse sistema de equações diferenciais, definimos:

Equação 5.62

$$\eta = \omega_1 + i\omega_2$$

Essa equação nos leva a:

Equação 5.63

$$\dot{\eta} = -i\Omega \eta$$

Cuja solução é:

$$\eta = \eta_0 e^{-i\Omega t}$$

Escolhendo os eixos de modo que, em $t = 0$, tenhamos $\omega_1 = \omega_0$ e $\omega_2 = 0$, obteremos:

Equação 5.64

$$\begin{cases} \eta_0 = \omega_0 \\ \omega_1 = \omega_0 \cos \Omega t \\ \omega_2 = -\omega_0 \operatorname{sen} \Omega t \end{cases}$$

Como:

Equação 5.65

$$\eta_0 = \omega_0$$

Equação 5.66

$$\omega_1 = \omega_0 \cos\Omega t$$

Equação 5.67

$$\omega_2 = -\omega_0 \operatorname{sen}\Omega t$$

Por fim, uma vez que ω_3 = constante, observamos que:

Equação 5.68

$$\omega = |\omega| = \sqrt{\omega_1^2 + \omega_2^2 + \omega_3^2} = \sqrt{\omega_0^2 + \omega_3^2} = \text{constante}$$

Além disso, notamos que as equações para ω_1 e ω_2 são paramétricas de um círculo, portanto, como ilustrado na Figura 5.8, o vetor ω faz um movimento de precessão em torno do eixo de simetria do corpo com velocidade angular Ω, e a projeção do vetor ω no plano **e₁ −e₂** descreve um círculo como função do tempo.

Figura 5.8 – Movimento de um corpo rígido com momentos principais iguais

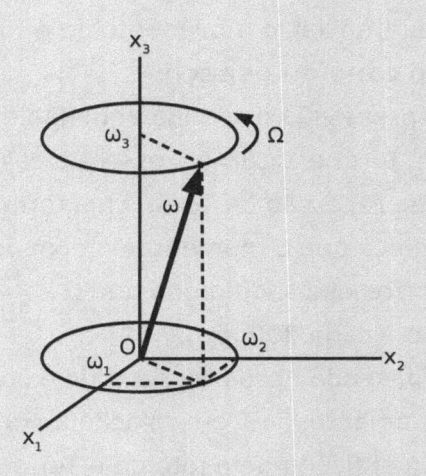

Como ω_0 e ω_3 são constantes, o ângulo entre ω e e_3 também o é. Portanto, no referencial do corpo, o vetor ω move-se em torno de um cone, chamado **cone do corpo**, com velocidade angular Ω, como ilustra a Figura 5.9.

Figura 5.9 – Precessão do vetor ω traçando o cone do corpo, visto no referencial do corpo (e_3 fixo)

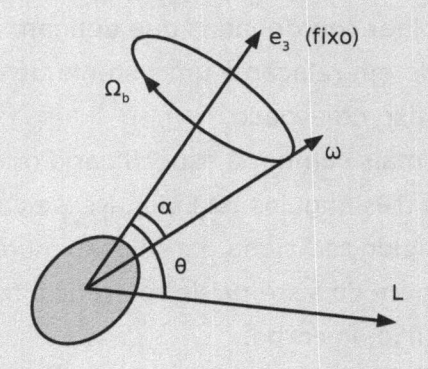

Fonte: Taylor, 2005, p. 400.

No referencial fixo no espaço, o plano contendo **L**, ω e e_3 gira em torno de **L** com ω e e_3 pressionando em torno de **L**. Nesse referencial, o movimento de ω forma um cone chamado **cone do espaço**.

Note que a precessão discutida aqui não decorre da ação de um torque externo – esse é o caso do movimento de precessão da Terra, cuja forma achatada nos polos significa que o momento no eixo polar é maior do que nos outros eixos, de modo que $\Omega \equiv \dfrac{\omega_3}{300}$, o que dá uma revolução a cada 300 dias.

A previsão baseada nessa teoria simples tem um erro de, aproximadamente, 50% em relação ao observado, que pode ser justificado pelo fato de a Terra não ser, de fato, um corpo rígido perfeito.

5.6 Ângulos de Euler

Nem sempre é simples ou praticável o suficiente a descrição do movimento usando-se as equações de Euler em relação aos eixos fixos no corpo. Nesse caso, é mais útil escolher coordenadas que definam a orientação do corpo rígido em relação a um sistema de coordenadas (não girante) fixo no espaço.

A escolha mais comum é especificar a orientação do corpo usando três ângulos de Euler. Nesse caso, supomos que o corpo rígido rotaciona em relação a um ponto fixo $\mathcal{O}$ que é a origem do sistema de referência fixo no espaço e do sistema fixo ao corpo.

Inicialmente, os eixos dos dois sistemas coincidem, ou seja, e_1 está ao longo de $\hat{i}$, e_2 está ao longo de $\hat{j}$, e e_3, ao longo de $\hat{k}$. É possível especificar a orientação do corpo de maneira única usando-se três rotações por meio de três ângulos θ, ϕ e ψ em relação a três eixos diferentes:

1. Primeiramente, rotacionamos o corpo em um ângulo ϕ sobre o eixo z, fazendo os eixos do corpo e_1 e e_2 girarem no plano xy e apontarem para as direções e'_1 e e'_2, conforme ilustra a Figura 5.10(a).
2. Agora, rotacionamos o corpo em um ângulo θ sobre o eixo e'_2, fazendo com que o eixo do corpo e_3 estabeleça um ângulo θ com o eixo z, conforme mostra a Figura 5.10(b).
3. Finalmente, temos apenas o grau de liberdade de rotação em torno do eixo e_3, sob o qual rotacionamos o corpo em um ângulo ψ, conforme mostra a Figura 5.10(c).

Figura 5.10 – Definição dos ângulos de Euler

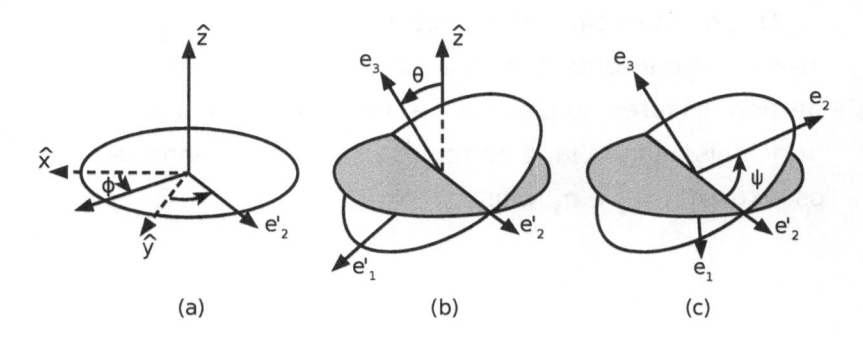

Como podemos ver na Figura 5.10, os dois primeiros passos levam o eixo e_3 para qualquer orientação desejada, e o último passo leva os eixos e_1 e e_2 para qualquer direção necessária.

Para determinar ω em termos dos ângulos de Euler, consideramos que, quando fazemos ϕ variar no passo (a), o sistema varia com velocidade angular $\omega_1 = \dot{\phi}\hat{k}$.

No passo (b), a velocidade angular em relação ao sistema definido no primeiro passo é $\omega_2 = \dot{\theta}e'_2$.

Finalmente, no passo (c), de forma similar, temos $\omega_3 = \dot{\psi}e_3$. Para obtermos a velocidade angular do sistema do corpo em relação ao sistema fixo no espaço, basta fazermos a soma vetorial das velocidades angulares relativas:

Equação 5.69

$$\omega = \omega_1 + \omega_2 + \omega_3 = \dot{\phi}\hat{k} + \dot{\theta}e'_2 + \dot{\psi}e_3$$

De forma geral, queremos expressar a velocidade angular em relação aos eixos principais de inércia e_1, e_2 e e_3.

O caso mais simples (simétrico) em que $\lambda_1 = \lambda_2$ é de bastante interesse. Nessa situação, os dois eixos perpendiculares no plano e_1–e_2 também são eixos principais de inércia, e podemos usar convenientemente os eixos e'_1, e'_2 e e_3, pois:

Equação 5.70

$$\hat{k} = (\cos\theta)e_3 - (\sen\theta)e'_1$$

Assim, encontramos:

Equação 5.71

$$\omega = (-\dot\phi\sen\theta)e'_1 + \dot\theta e'_2 + (\dot\psi + \dot\phi\cos\theta)e_3 \text{ para } \lambda_1 = \lambda_2$$

Como o momento angular é escrito na forma
$L = (\lambda_1\omega_1, \lambda_2\omega_2, \lambda_3\omega_3)$ em relação a quaisquer conjuntos de eixos principais, para $\lambda_1 = \lambda_2$, temos:

Equação 5.72

$$L = (-\lambda_1\dot\phi\sen\theta)e'_1 + \lambda_1\dot\theta e'_2 + \lambda_3(\dot\psi + \dot\phi\cos\theta)e_3 \text{ para } \lambda_1 = \lambda_2$$

Note que a componente do momento angular ao longo do eixo z é, portanto:

Equação 5.73

$$L_z = \lambda_1\dot\phi\sen^2\theta + \lambda_3(\dot\psi + \dot\phi\cos\theta)\cos\theta = \lambda_1\dot\phi\sen^2\theta + L_3\cos\theta$$

Para a energia cinética, temos:

Equação 5.74

$$T_{rot} = \frac{1}{2}(\lambda_1\omega_1^2 + \lambda_2\omega_2^2 + \lambda_3\omega_3^2)$$

Equação 5.75

$$T_{rot} = \frac{1}{2}\lambda_1\left(\dot\phi^2 \operatorname{sen}^2\theta + \dot\theta^2\right) + \frac{1}{2}\lambda_3\left(\dot\psi + \dot\phi\cos\theta\right)^2 \quad \text{para } \lambda_1 = \lambda_2$$

5.7 Movimento do pião

Agora, vamos aplicar os ângulos de Euler ao caso do pião simétrico da Seção 5.5. Os três ângulos de Euler são as três coordenadas generalizadas do sistema e, com base na lagrangiana, temos:

Equação 5.76

$$\mathcal{L} = \frac{1}{2}\lambda_1\left(\dot\phi^2 \operatorname{sen}^2\theta + \dot\theta^2\right) + \frac{1}{2}\lambda_3\left(\dot\psi + \dot\phi\cos\theta\right)^2 - MgR\cos\theta$$

Então, obtemos as equações de movimento.
Para θ, temos:

Equação 5.77

$$\frac{\partial\mathcal{L}}{\partial\theta} - \frac{d}{dt}\frac{\partial\mathcal{L}}{\partial\dot\theta} = 0$$

Dessa forma, chegamos a:

Equação 5.78

$$\lambda_1\ddot\theta = \lambda_1\dot\phi^2 \operatorname{sen}\theta\cos\theta - \lambda_3\left(\dot\psi + \dot\phi\cos\theta\right)\dot\phi\operatorname{sen}\theta + MgR\operatorname{sen}\theta$$

Os ângulos ϕ e ψ não aparecem na lagrangiana; assim, os momentos generalizados associados a esses graus de liberdade são conservados.

De fato:

Equação 5.79

$$p_\phi = \frac{\partial \mathcal{L}}{\partial \dot\phi} = \lambda_1 \dot\phi \operatorname{sen}^2 \theta + \lambda_3 \left(\dot\psi + \dot\phi \cos\theta\right)\cos\theta = \text{constante}$$

Similarmente, temos:

Equação 5.80

$$p_\psi = \frac{\partial \mathcal{L}}{\partial \dot\psi} = \lambda_3 \left(\dot\psi + \dot\phi \cos\theta\right) = \text{constante}$$

Note que o momento generalizado p_φ é exatamente a componente ao longo do eixo z do momento angular L_z, de modo que concluímos que L_z é conservado, o que já era esperado, uma vez que não há torque ao longo de z.

Da mesma forma, podemos identificar que $p_\psi = L_3$, ou seja, a componente do momento angular ao longo do eixo de simetria do corpo e_3, que também é uma constante do movimento. Esse resultado também já era esperado, já que $L_3 = \lambda_3 \omega_3$ e ω_3 = constante.

5.7.1 Precessão estacionária

Desta vez, vamos analisar o movimento de precessão do pião em torno do eixo z, no qual o eixo de simetria descreve um cone com ângulo constante θ. A equação de movimento para essa coordenada fica:

Equação 5.81

$$\lambda_1 \dot{\phi}^2 \cos\theta - \lambda_3 \left(\dot{\psi} + \dot{\phi}\cos\theta\right)\dot{\phi} + MgR = 0$$

Escrevemos $\dot{\phi}$ da seguinte forma:

Equação 5.82

$$\dot{\phi} = \frac{L_z - L_3 \cos\theta}{\lambda_1 \operatorname{sen}^2 \theta}$$

Dessa maneira, vemos facilmente que, se o eixo do pião se mover descrevendo um cone com θ constante, então sua velocidade angular $\dot{\phi}$ também será constante.

Considerando, agora, a equação para p_ψ, temos:

Equação 5.83

$$p_\psi = \lambda_3 \left(\dot{\psi} + \dot{\phi}\cos\theta\right) = \text{constante}$$

Notamos, assim, que $\dot{\psi}$ também será constante. Escrevendo a velocidade de precessão $\dot{\phi}$ como Ω e considerando que $\omega_3 = \dot{\psi} + \dot{\phi}\cos\theta$, concluímos que a equação de movimento para θ pode ser reescrita como:

Equação 5.84

$$\lambda_1 \Omega^2 \cos\theta - \lambda_3 \omega_3 \Omega + MgR = 0$$

Essa é uma equação quadrática em Ω, ou seja, para uma inclinação θ fixa, temos duas velocidades de precessão possíveis (tomando apenas as raízes reais). Uma das situações mais óbvias em que as raízes são reais ocorre quando o pião gira rapidamente, isto é, há um ω_3 grande. Nesse caso, temos:

Equação 5.85

$$\Omega \cong \frac{MgR}{\lambda_3 \omega_3}$$

Essa equação apresenta o mesmo resultado obtido na Seção 5.5.

A raiz que dá a precessão rápida é:

Equação 5.86

$$\Omega \cong \frac{\lambda_3 \omega_3}{\lambda_1 \cos\theta}$$

Essa equação não depende da aceleração gravitacional.

5.7.2 Nutação

Comumente, durante o movimento de precessão em torno do eixo vertical, no qual o ângulo ϕ varia, o ângulo θ também varia, oscilando em um movimento de "sobe e desce" que denominamos *nutação*.

Podemos investigar qualitativamente esse movimento olhando para a energia total do sistema $E = T + U$. Nesse caso, é possível converter nosso problema em um caso unidimensional, envolvendo apenas a coordenada θ.

Para isso, vamos eliminar $\dot\phi$ e $\dot\psi$ da expressão para E:

Equação 5.87

$$\dot\phi = \frac{L_z - L_3 \cos\theta}{\lambda_1 \operatorname{sen}^2\theta}$$

E ainda:

Equação 5.88

$$\dot\psi = \frac{(L_z - L_3 \cos\theta)\cos\theta}{\lambda_1 \operatorname{sen}^2\theta}$$

Assim, podemos escrever:

Equação 5.89

$$T = \frac{1}{2}\lambda_1 \dot\theta^2 + U(\theta)$$

Nessa equação, identificamos U(θ) como um potencial efetivo dado por:

Equação 5.90

$$U(\theta) = \frac{(L_z - L_3 \cos\theta)^2}{2\lambda_1 \operatorname{sen}^2\theta} + MgR\cos\theta$$

O gráfico de U(θ) é ilustrado a seguir. O valor de θ está no intervalo de 0 a π e, em razão do fator $\operatorname{sen}^2\theta$ no denominador, U(θ) tende a +∞ para os valores limites de θ.

Como devemos ter E ≥ U(θ), o valor de θ fica confinado entre dois pontos de retorno: θ_1 e θ_2.

Gráfico 5.1 – Potencial efetivo U(θ) para o pião simétrico

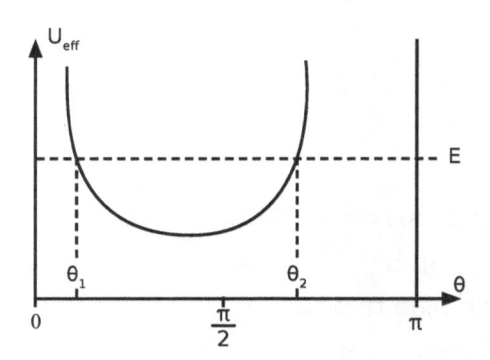

Os detalhes do movimento de nutação dependem de como φ varia. De acordo com a seguinte equação:

Equação 5.91

$$\dot\phi = \frac{L_z - L_3 \cos\theta}{\lambda_1 \operatorname{sen}^2 \theta}$$

Temos duas possibilidades.

Caso 1

$$L_z > L_3$$

Nessa situação, $\dot\phi$ nunca se anula e, portanto, nunca muda de sinal. Asim, φ varia sempre aumentando ou

sempre diminuindo. O eixo do pião precessiona enquanto
θ oscila entre θ_1 e θ_2. Podemos visualizar a situação,
qualitativamente, retratando o movimento do eixo do
pião pelo traçado da intersecção do eixo com a superfície
de uma esfera centrada no ponto fixo, conforme a
Figura 5.11(a).

Caso 2

$$L_z < L_3$$

Nessa situação, existe um ângulo θ_0 tal que $L_z = L_3 \cos\theta_0$.
Se $\theta_1 < \theta_0 < \theta_2$, então $\dot\phi$ muda de sinal duas vezes,
com o eixo do pião fazendo um movimento de *loop*
durante a precessão, gerando o traçado ilustrado na
Figura 5.11(b).

Figura 5.11 – Dois casos do movimento do eixo do pião

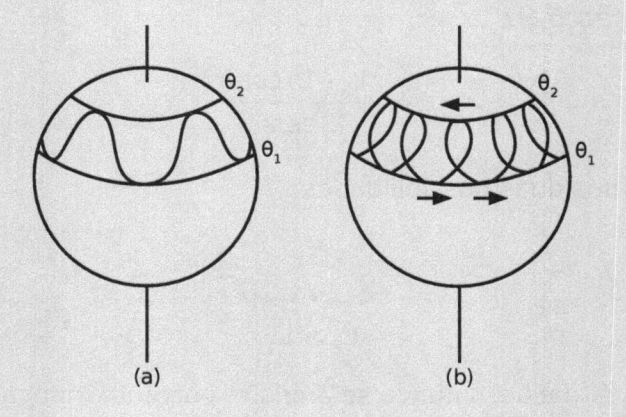

(a)   (b)

Síntese

Neste capítulo, abordamos os seguintes temas:

- **Tensor de inércia**

A energia cinética de rotação T_{rot} e a velocidade angular ω de um corpo rígido se relacionam por:

$$T_{rot} = \frac{1}{2}\sum_{ij} I_{ij}\omega_i\omega_j = \frac{1}{2}\omega^T I \omega$$

Nessa equação, ω é uma matriz 3 × 1 e a matriz **I** (3 × 3) é o tensor momento de inércia, definido como:

$$I_{ij} \equiv \sum_\alpha m_\alpha \left(\delta_{ij}\sum_k x_{\alpha,k}^2 - x_{\alpha,i}x_{\alpha,j} \right)$$

Para uma distribuição contínua de massa com densidade $\rho(\mathbf{r})$, a expressão do momento de inércia se torna:

$$I_{ij} = \int_\mathcal{V} \rho(\mathbf{r})\left(\delta_{ij}\sum_k x_k^2 - x_i x_j \right) d\mathcal{V}$$

O momento angular **L** e a velocidade angular ω de um corpo rígido se relacionam por:

$$\mathbf{L} = I\omega$$

Nessa equação, **L** é uma matriz 3 × 1.

- **Eixos principais de inércia**

Um eixo principal de um corpo (em relação a um ponto O) é qualquer eixo que passa por O com a propriedade de que, se ω apontar ao longo do eixo, então **L** será paralelo a ω. Dois vetores **L** e ω são paralelos se e somente se $\mathbf{L} = \lambda\omega$, para algum λ real.

Em relação aos eixos principais, o tensor de inércia tem a forma diagonal:

$$I = \begin{bmatrix} I_1 & 0 & 0 \\ 0 & I_2 & 0 \\ 0 & 0 & I_3 \end{bmatrix}$$

- **Teorema dos eixos paralelos**

Conhecendo os elementos no sistema de eixos com origem no CM, podemos calcular os elementos I'_{ij} do tensor de inércia em um sistema de eixos qualquer que tenha a mesma orientação do primeiro:

$$I'_{ij} = I_{ij} + M\left(c^2 \delta_{ij} - c_i c_j\right)$$

- **Equação de Euler**

Seja $\dot{\mathbf{L}}$ a taxa de variação do momento angular de um corpo, em um sistema fixo ao corpo, então ele satisfará à equação de Euler:

$$\dot{\mathbf{L}} + \omega \times \mathbf{L} = \mathbf{N}$$

- **Ângulos de Euler**

A orientação de um corpo rígido pode ser especificada pelos três ângulos de Euler θ, ϕ e ψ (ver Figura 5.10).

A lagrangiana de um corpo rígido girando em torno de um ponto fixo é dada por:

$$\mathcal{L} = \frac{1}{2}\lambda_1 \left(\dot{\phi}^2 \operatorname{sen}^2 \theta + \dot{\theta}^2\right) + \frac{1}{2}\lambda_3 \left(\dot{\psi} + \dot{\phi}\cos\theta\right)^2 - MgR\cos\theta$$

Questões para revisão

1) O momento de inércia de um corpo rígido é independente:
   a) da escolha do eixo de rotação.
   b) de sua massa.
   c) de sua forma e de seu tamanho.
   d) de sua velocidade angular.
   e) Nenhuma das alternativas está correta.

2) Se o tensor de inércia de um corpo é dado por:
$$I = \begin{bmatrix} 8 & 0 & -4 \\ 0 & 4 & 0 \\ -4 & 0 & 8 \end{bmatrix}$$
Então, o momento de inércia, nas mesmas unidades usadas no tensor, em torno do eixo $\hat{n} = \left(\dfrac{1}{2}, \dfrac{\sqrt{3}}{2}, 0\right)$ é igual a:
   a) 4.
   b) 5.
   c) zero.
   d) 2,8.
   e) 8.

3) O tensor de inércia I_{ij} para uma esfera sólida de massa M e raio a no primeiro octante é:
   a) $I_{xy} = I_{xz} = I_{yz} = \dfrac{2}{5}Ma^2$.
   b) $I_{xy} = I_{xz} = I_{yz} = -\dfrac{2}{5}Ma^2$.
   c) $I_{xy} = I_{xz} = I_{yz} = -\dfrac{2Ma^2}{5\pi}$.

d) $I_{xy} = I_{xz} = I_{yz} = \dfrac{2Ma^2}{5\pi}$.

e) $I_{xy} = I_{xz} = I_{yz} = 0$.

4) Cinco massas pontuais e iguais são colocadas nos cinco cantos de uma pirâmide cuja base quadrada está centrada na origem no plano *xy*, com o lado L, e cujo vértice está no eixo *z*, a uma altura H acima da origem. Encontre o CM do sistema de cinco massas.

5) Calcule o tensor de inércia de uma esfera maciça com densidade de massa uniforme em relação a seu CM.

6) Encontre o CM de uma casca hemisférica uniforme de raios interno *a*, raio externo *b* e massa M, posicionada com sua base no plano *xy* e seu centro na origem. Explique o que acontece com sua resposta em dois casos: quando a = 0 e se b → a.

7) Uma haste fina e uniforme de massa M e comprimento L encontra-se no eixo *x* com uma extremidade na origem. Encontre seu momento de inércia para rotação em torno do eixo *z*. O que acontece se o centro da barra estiver na origem?

8) Uma estação espacial estacionária pode ser analisada como uma casca esférica oca com massa de 6 toneladas e raios interno e externo de 5 m e 6 m, respectivamente. Para mudar sua orientação, um rotor uniforme (de raio 10 cm e massa 10 kg) no

centro é girado rapidamente do repouso para 1.000 rpm. Com base nessas informações, responda:
a) Quanto tempo a estação levará para girar 10 graus?
b) Que energia foi necessária para toda a operação?

9) Um corpo rígido é formado por 8 massas iguais m nos cantos de um cubo de lado a, mantidas juntas por barras finas sem massa. Com base nessas informações, responda:
a) Qual é o tensor de inércia **I** para rotação em torno de um canto O do cubo? (Use eixos ao longo das três arestas até O.)
b) Qual é o tensor de inércia do mesmo corpo considerando-se, agora, a rotação em torno do centro do cubo? Mais uma vez, use eixos paralelos às arestas. Explique por que, neste caso, é esperado que certos elementos de **I** sejam zero.

10) Considere um corpo rígido plano ou uma lâmina (uma peça plana de chapa de metal) girando em torno de um ponto O no corpo. Se escolhermos eixos de modo que a lâmina fique no plano xy, quais elementos do tensor de inércia **I** serão automaticamente zero? Prove que $I_{zz} = I_{xx} + I_{yy}$.

11) Considere o corpo rígido do exercício anterior. Prove que o eixo que passa por O e perpendicular ao plano é um eixo principal.

12) Mostre que os momentos principais de qualquer corpo rígido satisfazem a $\lambda_3 \leq \lambda_1 + \lambda_2$. Para que forma de corpo teremos $\lambda_3 = \lambda_1 + \lambda_2$?

13) Um corpo rígido consiste em três massas fixadas da seguinte forma: *m* em (a, 0, 0), *2m* em (0, a, a) e *3m* em (0, a, –a). Com base nessas informações, responda:

   a) Qual é o tensor de inércia I?

   b) Quais são os momentos principais e o conjunto de eixos principais ortogonais?

14) Determine os eixos e os momentos principais de inércia de um hemisfério uniformemente sólido de raio *b* e massa *m* em torno de seu CM.

15) Dado o seguinte tensor de inércia:

$$I = \frac{1}{2}\begin{bmatrix} A+B & A-B & 0 \\ A-B & A+B & 0 \\ 0 & 0 & C \end{bmatrix}$$

Efetue uma rotação do sistema de coordenadas por um ângulo θ em torno do eixo x_3. Com base nessas informações:

   a) Mostre que $\theta = \frac{\pi}{4}$ produz a diagonal do tensor de inércia com os elementos A, B e C.

   b) Obtenha θ que torna x_1 e x_2 eixos principais de inércia.

16) Um corpo simétrico se move sem influência de forças ou torques. Considere que o eixo de simetria do corpo x_3 e **L** estejam alinhados ao longo de x'_3. O ângulo entre ω e x_3 é α. Considere que **L** e ω estejam inicialmente no plano $x_2 - x_3$. Qual é a velocidade angular do eixo de simetria em torno de **L** em termos de I_1, I_3, ω e α?

17) Considere um pião que consiste em um cone uniforme girando livremente em torno de sua ponta a 1.800 rpm. Se sua altura for de 10 cm e seu raio de base tiver 2,5 cm, em que velocidade angular ele sofrerá precessão?

18) Se pegarmos um livro de dimensões 30 cm · 20 cm · 3 cm e fechado por um elástico e o jogarmos ao ar de forma que ele gire em torno de um eixo próximo a seu eixo de simetria mais curto, a 180 rpm, qual será a frequência angular das pequenas oscilações de seu eixo de rotação? E se o fizermos girar em torno de um eixo próximo a seu eixo de simetria mais longo?

Questão para reflexão

1) Há alguns anos, experimentos simples são transmitidos pelos astronautas da Estação Espacial Internacional, ao vivo, para a Terra. Um procedimento que ganhou certa visibilidade mostrava um objeto

rotacionando em situação de gravidade zero – portanto, na ausência de torques externos. Contudo, após algumas rotações, o objeto passa a girar em 180° em relação a sua orientação e, alguns segundos após, volta à configuração original. Esse movimento se repete[1]. Pesquise e discuta com os colegas, à luz do exposto neste capítulo, sobre essa situação.

- Esse fenômeno, conhecido como *teorema do eixo intermediário*, foi explicado no artigo *The Twisting Tennis Racket* (Ashbaugh; Chicone; Cushman, 1991). O experimento pode ser visto no seguinte endereço: <https://www.youtube.com/watch?v=1n-HMSCDYtM>.

Teoria da relatividade especial

6

Conteúdos do capítulo:

- Transformações de Galileu.
- Postulados da teoria da relatividade especial.
- Transformações de Lorentz.
- Quadrivetores.
- Eletrodinâmica e relatividade.
- Função lagrangiana na relatividade especial.

Após o estudo deste capítulo, você será capaz de:

1. identificar os limites entre a mecânica newtoniana e a mecânica relativística;
2. investigar os princípios básicos da mecânica relativística;
3. expressar a transformação de Lorentz na forma matricial;
4. reconhecer as grandezas físicas invariantes de Lorentz;
5. explicar as grandezas físicas como quadrivetores;
6. interpretar resultados e realizar previsões de fenômenos relativísticos;
7. descrever o eletromagnetismo que explicite o formalismo da relatividade especial;
8. compreender a lagrangiana da relatividade especial.

O **princípio da relatividade** foi introduzido no estudo do movimento por Galileu Galilei (1564-1642) ao notar que, para descrever o deslocamento de uma partícula, é necessário definir um referencial e que as características do movimento são distintas em referenciais distintos. Posteriormente, Isaac Newton (1643-1727) usou as ideias de Galileu para formular as leis da mecânica newtoniana. Para ambos, Galileu e Newton, os conceitos de espaço (posição) e de tempo eram independentes, o que conferiria uma equivalência entre todos os referencias inerciais.

De acordo com o princípio da relatividade, as leis físicas devem ser as mesmas para qualquer referencial inercial. As leis de Newton da mecânica satisfazem a esse princípio por uma transformação de Galileu, porém as equações de James Maxwell (1831-1879) para o eletromagnetismo, não. Por uma transformação de Galileu, as equações de Maxwell mudam sua forma, o que leva à conclusão acerca da existência de um referencial especial, no qual as equações de Maxwell são válidas e a luz tem velocidade c.

Em 1905, Albert Einstein (1879-1955) apresentou sua teoria da relatividade especial, que resolvia esse impasse substituindo a transformação de Galileu por uma que preservava a forma das equações de Maxwell em referenciais inerciais distintos: a transformação de Lorentz.

A teoria da relatividade especial de Einstein substituiu, assim, a mecânica newtoniana e estabeleceu a velocidade da luz c como uma constante universal da física.

6.1 Transformação de Galileu

A mecânica newtoniana é sempre válida em referenciais inerciais, e a primeira lei de Newton oferece um teste para verificar se um referencial é ou não inercial.
Uma vez dado um referencial inercial, qualquer outro referencial que se mova com velocidade constante em relação a ele será inercial também.

Imaginemos dois referenciais, S e S', com S' se movendo em relação a S com velocidade V na direção positiva do eixo x, como mostra a Figura 6.1. Supomos, sem perda de generalidade, que em t = 0 a origem dos dois referenciais coincide e que os eixos dos dois sistemas estão alinhados.

Figura 6.1 – Dois referenciais S e S' em movimento relativo entre si

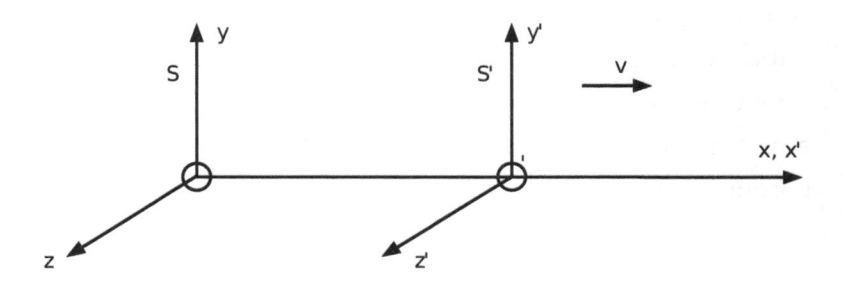

A teoria da relatividade explica como as coordenadas no referencial S(x, y, z, t) se relacionam com as coordenadas no referencial S'(x', y', z', t').

De acordo com Galileu:

Equação 6.1

$$x' = x - Vt$$

Equação 6.2

$$y' = y$$

Equação 6.3

$$z' = z$$

Equação 6.4

$$t' = t$$

Essas são as **transformações de Galileu** (TG).

O tempo nos dois referenciais é assumido como igual, ou seja, o relógio dos dois observadores "avança" da mesma forma, e isso leva à impossibilidade de uma velocidade universal.

Essas relações implicam que, se tivermos a seguinte equação no referencial S:

Equação 6.5

$$\mathbf{F} = \frac{d\mathbf{p}}{dt}$$

Então, em S' teremos:

Equação 6.6

$$F' = \frac{d\mathbf{p'}}{dt'} = \frac{d\mathbf{p'}}{dt}$$

Ou seja, a segunda lei de Newton mantém sua forma nos dois referenciais. Entretanto, essa transformação não conserva invariantes as equações de Maxwell, isto é, por uma transformação de Galileu, as equações de Maxwell mudam de forma.

Essa incompatibilidade entre as equações de Maxwell e a transformação de Galileu levou os físicos à conclusão acerca da existência de um meio material em cujo referencial de repouso as equações de Maxwell são válidas e onde a luz tem velocidade c.

Esse meio foi chamado de **éter**.

6.2 Postulados da teoria da relatividade especial

Uma série de cientistas tentou detectar a existência do éter, com destaque especial para o experimento de Albert Michelson (1852-1931) e Edward Morley (1838-1923), em 1887. Em nenhuma tentativa, no entanto, verificou-se alguma variação da velocidade da luz em relação ao referencial do suposto éter, o que contrariava a ideia de sua existência. Contudo, esse resultado era inteiramente consistente com a visão de Einstein de que a luz se propaga com a mesma velocidade para todos os observadores inerciais.

A teoria da relatividade especial de Einstein renunciava à existência do éter e, portanto, era baseada no fato de que a velocidade da luz observada em diferentes referenciais inerciais em movimento relativo entre si era sempre a mesma. Essa teoria é baseada em dois postulados:

1. Todas as leis físicas são iguais em todos os referenciais inerciais.
2. A velocidade da luz é a mesma para todos os referenciais inerciais.

Para satisfazer aos dois postulados, tempo e espaço são unificados em uma estrutura geométrica chamada **espaço-tempo**. Segue-se, pois, que diferentes observadores inerciais não concordaram com medidas de espaço ou de tempo feitas em referenciais distintos. Uma coordenada do espaço-tempo específica, portanto, consiste em três coordenadas espaciais e uma coordenada temporal e, uma vez que definem uma posição e um instante de tempo, dizemos que um ponto no espaço-tempo caracteriza um **evento**. O intervalo entre dois eventos, ou intervalo de espaço-tempo, é definido como:

Equação 6.7

$$ds^2 = c^2 dt^2 - \left(dx^2 + dy^2 + dz^2\right)$$

Note que, para objetos se movendo à velocidade menor do que a da luz, $ds^2 > 0$. Classificamos os intervalos de espaço-tempo da seguinte forma:

- $ds^2 > 0$: intervalos do tipo tempo.
- $ds^2 < 0$: intervalos do tipo espaço.
- $ds^2 = 0$: intervalos do tipo luz.

O sinal negativo na definição de ds^2 (antes do termo entre parênteses na Equação 6.7) decorre da definição da métrica (forma de medir intervalos) do espaço 4-dimensional (espaço-tempo), chamado **espaço de Minkowski**. Nessa geometria, o intervalo de espaço-tempo é um invariante, ou seja, dados dois referenciais inerciais S e S', observadores em referenciais inerciais distintos medem o mesmo valor para o intervalo, isto é:

Equação 6.8

$$ds^2 = ds'^2$$

Perceba que o tempo não é mais absoluto, ou seja, diferentes observadores em diferentes referenciais inerciais não concordam com suas medidas de tempo, assim como não concordam com suas medidas de comprimento.

Medidas de tempo feitas no referencial do laboratório e no referencial do corpo precisam ser distinguidas. Um relógio em repouso em relação ao referencial do corpo vai medir o **tempo próprio** τ. Chamando o referencial do corpo de S', que se move com velocidade V em relação ao referencial S do laboratório, temos:

Equação 6.9

$$c^2 d\tau^2 = c^2 dt^2 - \left(dx^2 + dy^2 + dz^2\right) = c^2 dt^2 - V^2 dt^2$$

Então:

Equação 6.10

$$c^2 d\tau^2 = c^2 dt^2 \left(1 - \frac{V^2}{c^2}\right)$$

Essa equação resulta em:

Equação 6.11

$$dt = \frac{d\tau}{\sqrt{1 - \frac{V^2}{c^2}}} = \gamma d\tau$$

Nela, definimos o fator como:

Equação 6.12

$$\gamma = \frac{1}{\sqrt{1 - \frac{V^2}{c^2}}}$$

Nessa equação, $\gamma > 1$ para qualquer objeto que se mova a uma velocidade menor do que a da luz (c).

Isso nos leva à conclusão de que o tempo próprio é sempre menor do que o tempo medido em um referencial em movimento em relação ao corpo. Esse efeito é conhecido como **dilatação do tempo**, em que o tempo passa mais devagar no referencial em movimento. Isso, por sua vez, implica que o comprimento de um objeto é igualmente dependente do referencial em que é medido.

Exemplo 6.1

Umas das primeiras confirmações experimentais da dilatação do tempo foi realizada no estudo dos raios cósmicos. Quando prótons provenientes do espaço incidem nas partículas do ar da atmosfera (a uma altitude típica de 10 km), produzem múons, partículas muito instáveis que logo decaem em elétrons. Experimentalmente, definimos que o tempo médio de vida do múon em seu referencial de repouso (tempo próprio) é de cerca de $2,2 \cdot 10^{-6}$ s. Sabemos também que, com base no referencial da Terra, os múons se movem a uma velocidade de, aproximadamente, 99,9 c – ou seja, 99,9% da velocidade da luz.

Com base nessas informações, determine o tempo de vida dilatado do múon e compare-o com o tempo necessário para ele chegar à superfície da Terra com essa velocidade.

Solução

Dada a velocidade do múon no referencial da Terra:

$$\frac{v}{c} = 0,999$$

E ainda:

$$\sqrt{1-\frac{V^2}{c^2}}=\sqrt{1-0,998}=0,045$$

O fator gama é $\gamma = 22$.

Portanto, pela Equação 6.11, se o intervalo de tempo próprio for $\Delta\tau = 2,2 \cdot 10^{-6}$ s, teremos:

$$\Delta t = \gamma\Delta\tau \Rightarrow \Delta t = 22 \cdot 2,2 \cdot 10^{-6} \Rightarrow \Delta t = 49 \cdot 10^{-6} \text{ s}$$

Para percorrer uma distância de 10 km a 99,9 c, o intervalo de tempo é:

$$\Delta t' = \frac{1,0 \cdot 10^4}{0,999 \cdot 3 \cdot 10^8} = 33 \cdot 10^{-6} \text{ s}$$

Esse tempo é menor do que o tempo de vida dilatado $\Delta t = 49 \cdot 10^{-6}$ s do múon, ou seja, é possível que ele alcance o solo antes de seu decaimento. É fácil constatar que, caso não houvesse esse efeito relativístico de dilatação do tempo, os múons decairiam muito antes de chegarem ao solo e poderem ser detectados.

Suponhamos, agora, que um trem que se move com velocidade V em relação a um observador fixo no referencial S tenha comprimento L medido nesse referencial. Se o intervalo de tempo necessário para que o observador em S veja o trem passar for Δt, teremos $L = V\Delta t$.

Para um observador parado no trem, o comprimento medido, denominado **comprimento próprio**, será L' (que ele obtém usando uma régua), e o intervalo de tempo $\Delta t'$ pode ser medido com o auxílio de uma pessoa na parte da frente e outra na parte de trás do trem, anotando-se o instante em que passa o observador S.

No referencial do trem, o observador em S se aproxima com a mesma velocidade V em módulo, e temos L' = VΔt'.

Como Δt é o tempo próprio, de acordo com a Equação 6.11:

Equação 6.13

$$L' = \gamma L$$

Assim, o comprimento medido no referencial S é menor do que o medido no referencial de repouso do trem (o comprimento próprio), desde que V ≠ 0.

Esse fenômeno é chamado **contração do comprimento** e só ocorre ao longo da direção do comprimento, isto é, os comprimentos perpendiculares a V permanecem inalterados.

Exemplo 6.2

Quando um trem está parado na estação, seu comprimento próprio medido é de 1 km. Qual será a contração no comprimento do trem medido no referencial da estação quando ele viaja a uma velocidade de 100 km/h em relação ao solo?

Solução

A velocidade do trem é $V = 100$ km/h $= 27,8$ m/s, portanto:

$$\frac{V}{c} = \frac{27,8}{3 \cdot 10^8} = 9,27 \cdot 10^{-8} \Rightarrow \frac{V^2}{c^2} = 8,59 \cdot 10^{-15}$$

É importante notarmos que $\frac{V^2}{c^2} \ll 1$. Logo, se calcularmos o fator γ diretamente pela Equação 6.12 em uma calculadora padrão (de 12 dígitos), obteremos $\gamma = 1$.

Uma estratégia para poder estimar a contração no comprimento do trem é usar a expansão binomial, que fornecerá um resultado bastante preciso nesse caso:

$$\sqrt{1 - \frac{V^2}{c^2}} \cong 1 - \frac{V^2}{2c^2} = 1 - 4,3 \cdot 10^{-15}$$

Considerando a Equação 6.13, obtemos:

$$L = \sqrt{1 - \frac{V^2}{c^2}} L' \cong \left(1 - \frac{V^2}{2c^2}\right) L$$

Do enunciado decorre que o comprimento próprio é $L' = 10^3$ m; desse modo, o comprimento contraído medido por um observador em repouso no referencial da estação será:

$$L = \left(1 - 4,30 \cdot 10^{-15}\right) 10^3 = 10^3 \text{ m} - 4,30 \cdot 10^{-12} \text{ m}$$

Assim, a contração relativista do trem é $4,3 \cdot 10^{-12}$ m, cerca de 4% do diâmetro de um átomo.

Note que, para os padrões cotidianos, o trem tem um comprimento considerável e viaja a uma velocidade alta; entretanto, comparada à velocidade da luz, a velocidade do trem é muito pequena e o efeito de contração previsto é imensurável.

6.3 Cone de luz

Podemos dividir o espaço-tempo em três regiões, como ilustrado na Figura 6.2, sendo que as internas ao cone definem o passado e o futuro e os pontos nelas contidos têm **relação causal**. O cone de luz é definido por (ct, x, y, z).

Figura 6.2 – Cone de luz

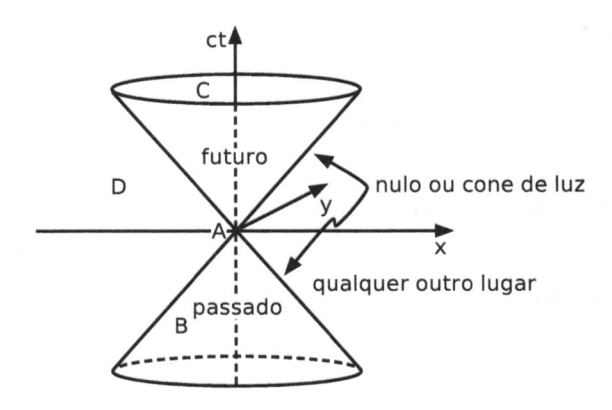

Fonte: Goldstein; Poole; Safko, 2002, p. 280, tradução nossa.

Tomemos um evento A, com coordenadas $x_A = y_A = z_A = t_A = 0$; se um evento B for tal que $ds^2_{AB} > 0$, então todos os observadores concordarão com o ordenamento temporal dos eventos A e B. Nesse caso, se $t_B < t_A$, estaremos na região do **cone de luz do passado**.

Entretanto, se tivermos $t_B > t_A$, estaremos na região do **cone de luz do futuro**. Para essas duas regiões (internas ao cone de luz), pontos do passado e do futuro sempre podem ter uma relação causal, isto é, de causa e efeito. Esse é o significado de intervalos do **tipo tempo**.

Se $ds^2_{AB} < 0$, poderemos ter o evento acontecendo no mesmo instante de tempo, mas em posições diferentes do espaço. Além disso, também poderemos achar sistemas de referência nos quais a ordem temporal dos eventos é contrária, um em relação ao outro. Essa região é externa ao cone de luz, e não há relação causal entre os pontos A e B.

As regiões são separadas por uma superfície cônica definida por $ds^2_{AB} = 0$, ou seja, definida pelos pontos do **tipo luz**. A luz emitida em um ponto nessa superfície (na região do passado) pode "alcançar" o evento em A; a luz emitida em A pode atingir pontos na superfície do cone (na região do futuro).

6.4 Transformação de Lorentz

A transformação linear que leva em conta a invariância de ds^2 (e, portanto, mantém invariantes as equações de Maxwell) é a transformação de Lorentz (TL). Considerando dois sistemas de referência S e S', cujos eixos coincidem em $t = t' = 0$, e com S' se movendo paralelamente ao eixo $x = x'$ com velocidade V em relação a S, definimos $\beta = \dfrac{V}{c}$ e obtemos:

Equação 6.14

$$\begin{cases} ct' = \gamma(ct - \beta x) \\ x' = \gamma(x - \beta ct) \\ y' = y \\ z' = z \end{cases}$$

Note que as transformações de Lorentz coincidem com as transformações de Lorentz no limite de baixas velocidades, isto é, quando $V \ll c$ ou, equivalentemente, $\beta \to 0$, pois, nesse caso, $x' \to x$ e $t' \to t$.

É comum apresentar as transformações de Lorentz de forma matricial:

Equação 6.15

$$\begin{pmatrix} ct' \\ x' \\ y' \\ z' \end{pmatrix} = \begin{pmatrix} \gamma & -\gamma\beta & 0 & 0 \\ -\gamma\beta & \gamma & 0 & 0 \\ 0 & 0 & 1 & 0 \\ 0 & 0 & 0 & 1 \end{pmatrix} \begin{pmatrix} ct' \\ x' \\ y' \\ z' \end{pmatrix}$$

A generalização para o caso de a velocidade **V** não ser paralela a nenhum dos eixos pode ser escrita da seguinte forma:

Equação 6.16

$$ct' = \gamma\left(ct - \beta \cdot \mathbf{r}\right)$$

Equação 6.17

$$\mathbf{r}' = \mathbf{r} + \frac{(\beta \cdot \mathbf{r})\beta(\gamma - 1)}{\beta^2} - \beta\gamma ct$$

De outra forma, podemos considerar a transformação de Lorentz entre dois sistemas de referência inerciais, cujos eixos são alinhados, como uma matriz de transformação relacionando dois vetores no espaço 4-dimensional:

Equação 6.18

$$\mathbf{x} = \Lambda \mathbf{x}'$$

Nessa equação, **x** = (ct, r) e **x'** = (ct', **r**'). Então:

Equação 6.19

$$\Lambda = \begin{pmatrix} \gamma & -\gamma\beta_x & -\gamma\beta_y & -\gamma\beta_z \\ -\gamma\beta_x & 1+(\gamma-1)\dfrac{\beta_x^2}{\beta^2} & (\gamma-1)\dfrac{\beta_x\beta_y}{\beta^2} & (\gamma-1)\dfrac{\beta_x\beta_z}{\beta^2} \\ -\gamma\beta_y & (\gamma-1)\dfrac{\beta_x\beta_y}{\beta^2} & 1+(\gamma-1)\dfrac{\beta_y^2}{\beta^2} & (\gamma-1)\dfrac{\beta_y\beta_z}{\beta^2} \\ -\gamma\beta_z & (\gamma-1)\dfrac{\beta_x\beta_z}{\beta^2} & (\gamma-1)\dfrac{\beta_z\beta_y}{\beta^2} & 1+(\gamma-1)\dfrac{\beta_z^2}{\beta^2} \end{pmatrix}$$

Se considerarmos que as origens dos dois sistemas de referência não coincidem em $t = t' = 0$, poderemos introduzir um termo de translação no espaço-tempo a:

Equação 6.20

$$x = \Lambda x' + a$$

Essa transformação é chamada de *transformação de Poincaré* ou *transformação de Lorentz não homogênea*.

6.4.1 Adição de velocidades

As transformações de Lorentz implicam uma regra específica para a adição de velocidades. Consideremos um objeto se movendo com velocidade v no referencial S dada por:

Equação 6.21

$$\mathbf{v} = \frac{dx}{dt}\hat{\mathbf{i}} + \frac{dy}{dt}\hat{\mathbf{j}} + \frac{dz}{dt}\hat{\mathbf{k}} = v_x\hat{\mathbf{i}} + v_y\hat{\mathbf{j}} + v_z\hat{\mathbf{k}}$$

No referencial S', que se move em relação a S com velocidade V paralela ao eixo x, a velocidade do objeto é dada por:

Equação 6.22

$$\mathbf{v}' = \frac{dx'}{dt'}\hat{\mathbf{i}} + \frac{dy'}{dt'}\hat{\mathbf{j}} + \frac{dz'}{dt'}\hat{\mathbf{k}} = v'_x\hat{\mathbf{i}} + v'_y\hat{\mathbf{j}} + v'_z\hat{\mathbf{k}}$$

Para relacionar as velocidades medidas nos dois referenciais, usamos as transformações de Lorentz para dx' e cdt' e escrevemos o quociente dessas duas grandezas:

Equação 6.23

$$\frac{dx'}{cdt'} = \frac{1}{c}v'_x = \frac{\gamma(dx - \beta cdt)}{\gamma(cdt - \beta dx)}$$

Essa equação resulta em:

Equação 6.24

$$v'_x = \frac{v_x - V}{1 - \frac{Vv_x}{c^2}}$$

Similarmente, obtemos:

Equação 6.25

$$v'_{y,z} = \frac{v_{y,z}}{1 - \frac{Vv_x}{c^2}}$$

Vale ressaltar que γ é uma função da velocidade relativa entre os referenciais S e S', ou seja, $\gamma = \gamma(V)$, mas não depende das velocidades *v* e *v'* do objeto em movimento, medidas em cada um dos referenciais.

6.5 Quadrivetores

Na relatividade especial, definimos vetores 4-dimensionais no espaço-tempo (chamados *quadrivetores* ou *4-vetores*), cujas magnitudes são invariantes sob rotações e translações no espaço-tempo e sob transformações de Lorentz.

Para dado sistema de referência, denotamos as coordenadas no espaço-tempo por x^μ e, assim, podemos fazer a seguinte identificação:

Equação 6.26

$$\begin{pmatrix} x^{0\prime} \\ x^{1\prime} \\ x^2 \\ x^3 \end{pmatrix} = \begin{pmatrix} ct' \\ x' \\ y' \\ z' \end{pmatrix}$$

Por questão de simplicidade, é comum usarmos também a notação:

Equação 6.27

$$x^\mu = \left(x^0, x^1, x^2, x^3\right) = \left(ct, x^i\right) = \left(ct, r\right)$$

Definimos o espaço de Minkowski como um espaço 4-dimensional $\mathbb{R}^4$, cuja métrica é dada por:

Equação 6.28

$$g_{\mu\nu} = \begin{pmatrix} 1 & 0 & 0 & 0 \\ 0 & -1 & 0 & 0 \\ 0 & 0 & -1 & 0 \\ 0 & 0 & 0 & -1 \end{pmatrix}$$

❓ O que é

A **métrica** é um objeto matemático bilinear e não degenerado que generaliza a definição de produto escalar entre dois vetores, permitindo estabelecer distâncias em dada geometria. A métrica pode ser escrita como uma matriz simétrica n×n, em que *n* é a dimensão do espaço.

Assim, usando a convenção de soma de Einstein (índices repetidos são implicitamente somados), podemos escrever o intervalo de espaço-tempo como:

Equação 6.29

$$ds^2 = g_{\mu\nu}dx^\mu dx^\nu$$

Nessa equação, os índices usados na soma são mudos. Explicitando as componentes na expressão, temos:

Equação 6.30

$$ds^2 = g_{00}dx^0 dx^0 + g_{11}dx^1 dx^1 + g_{22}dx^2 dx^2 + g_{33}dx^3 dx^3$$

Equação 6.31

$$ds^2 = dx^0 dx^0 - dx^1 dx^1 - dx^2 dx^2 - dx^3 dx^3$$

Equação 6.32

$$ds^2 = c^2 dt^2 - dx^2 - dy^2 - dz^2$$

Note que, uma vez que ds^2 é invariante sob uma transformação de Lorentz, podemos identificar dx^μ como sendo um vetor no espaço de Minkowski, com ds^2 sendo o módulo quadrado do vetor. Nesse formalismo, portanto, o produto escalar entre dois 4-vetores u e v é definido como:

Equação 6.33

$$u \cdot v = g_{\mu\nu} u^\mu v^\nu$$

Também podemos expressar a transformação de Lorentz da seguinte forma:

Equação 6.34

$$x'^\mu = \Lambda^\mu_\nu x^\nu$$

Em notação matricial, temos:

Equação 6.35

$$\begin{pmatrix} x'^{0'} \\ x'^{1'} \\ x'^2 \\ x'^3 \end{pmatrix} = \begin{pmatrix} \Lambda^0_0 & \Lambda^0_1 & \Lambda^0_2 & \Lambda^0_3 \\ \Lambda^1_0 & \Lambda^1_1 & \Lambda^1_2 & \Lambda^1_3 \\ \Lambda^2_0 & \Lambda^2_1 & \Lambda^2_2 & \Lambda^2_3 \\ \Lambda^3_0 & \Lambda^3_1 & \Lambda^3_2 & \Lambda^3_3 \end{pmatrix} \begin{pmatrix} x^{0'} \\ x^{1'} \\ x^2 \\ x^3 \end{pmatrix}$$

Nessa equação, Λ^μ_ν é a matriz da transformação de Lorentz:

Equação 6.36

$$\Lambda^{\mu}_{\nu} = \begin{pmatrix} \gamma & -\gamma\beta & 0 & 0 \\ -\gamma\beta & \gamma & 0 & 0 \\ 0 & 0 & 1 & 0 \\ 0 & 0 & 0 & 1 \end{pmatrix}$$

Para o caso de movimento relativo no eixo *x*, ou de uma rotação ortogonal própria, temos:

Equação 6.37

$$\Lambda^{\mu}_{\nu} = \begin{pmatrix} 1 & 0 & 0 & 0 \\ 0 & R_{11} & R_{12} & R_{13} \\ 0 & R_{21} & R_{22} & R_{23} \\ 0 & R_{31} & R_{32} & R_{33} \end{pmatrix}$$

Com R_{ij} sendo os elementos de uma matriz de rotação tridimensional.

6.5.1 Quadrivelocidade e quadrimomento

Como vimos, os 4-vetores têm magnitude invariante sob uma transformação de Lorentz, o que constitui a principal diferença entre a mecânica da relatividade especial e a mecânica newtoniana.

Suponhamos o seguinte intervalo de espaço-tempo:

Equação 6.38

$$ds^2 = c^2 dt^2 - dx^2 - dy^2 - dz^2$$

Considerando que esse intervalo diferencial corresponde ao movimento de um objeto, podemos reescrevê-lo como:

Equação 6.39

$$ds^2 = c^2dt^2 - \left(\frac{dx^2}{dt^2} + \frac{dy^2}{dt^2} + \frac{dz^2}{dt^2}\right)dt^2 = c^2dt^2 - v^2dt^2$$

No referencial do objeto, $v = 0$ assim, podemos expressar o tempo próprio τ como:

Equação 6.40

$$ds = cd\tau$$

O tempo próprio é, naturalmente, um invariante; logo, se quisermos que a quadrivelocidade seja um invariante de Lorentz, deveremos defini-la da seguinte forma:

Equação 6.41

$$u^\mu = \frac{dx^\mu}{d\tau}$$

Como $d\tau = \dfrac{dt}{\gamma}$, temos:

Equação 6.42

$$u^\mu = \gamma\frac{dx^\mu}{dt} = \gamma\left(c, v_x, v_y, v_z\right) = \gamma\left(c, v\right)$$

Aqui, temos $\gamma = \gamma(v)$.

Para outro referencial inercial, temos:

Equação 6.43

$$u'^\mu = \frac{dx'^\mu}{d\tau} = \gamma' \frac{dx'^\mu}{dt'}$$

Uma vez que $dx'^\mu = \Lambda^\mu_\nu dx^\nu$ e $d\tau$ é um invariante, a 4-velocidade nos dois referenciais se relaciona pela transformação de Lorentz:

Equação 6.44

$$u'^\mu = \Lambda^\mu_\nu u^\nu$$

Por construção, a 4-velocidade tem sua magnitude invariante de Lorentz, pois:

Equação 6.45

$$u^2 = g_{\mu\nu}u^\mu u^\nu = \gamma^2 c^2 - \gamma^2 v^2 = \frac{c^2 - v^2}{1 - \frac{v^2}{c^2}} = c^2$$

Definimos, agora, o 4-momento como o produto da massa pela 4-velocidade:

$$p^\mu = mu^\mu$$

Desse modo:

Equação 6.46

$$p^\mu = \gamma(mc, mv)$$

Aqui, *m* é a chamada **massa de repouso**, que é a massa medida por um observador no referencial próprio, ou seja, em repouso em relação ao objeto. Temos que:

Equação 6.47

$$p^2 = g_{\mu\nu}p^\mu p^\nu = m^2c^2$$

Além disso, como *m* é uma grandeza invariante, o 4-momento se transforma de acordo com a seguinte expressão:

Equação 6.48

$$p'^\mu = \Lambda^\mu_\nu p^\nu$$

Essa equação serve para dois referenciais inerciais distintos.

Com base na relação dimensional entre momento e energia, definimos a energia relativística como:

Equação 6.49

$$E = p^0 c = \gamma m c^2$$

Podemos escrever o 4-momento como:

Equação 6.50

$$p^\mu = \left(\frac{E}{c}, \gamma \mathbf{p}\right)$$

Em que *p* é o vetor momento não relativístico. Segue-se que:

Equação 6.51

$$p^2 = g_{\mu\nu}p^\mu p^\nu = \frac{E^2}{c^2} - \gamma^2 \mathbf{p}^2 = m^2c^2$$

Assim, obtemos a relação entre a energia relativística E e o vetor momento **p**:

Equação 6.52

$$E = \gamma mc^2 = \sqrt{m^2c^4 + \mathbf{p}^2c^2}$$

Com base nesse resultado, podemos determinar a **energia de repouso** do objeto (**p** = **0**):

Equação 6.53

$$E_0 = mc^2$$

Essa é a famosa fórmula de Einstein para a equivalência entre massa e energia.

Com base nessa definição da energia de repouso, a energia cinética relativística é dada por:

Equação 6.54

$$T = \gamma mc^2 - mc^2 = (\gamma - 1)mc^2$$

Essa expressão é consistente com a definição de energia não relativística, pois, no limite de baixas velocidades $v \ll c$, podemos expandir γ como:

Equação 6.55

$$\left(1 - \frac{v^2}{c^2}\right)^{-\frac{1}{2}} \cong 1 + \frac{v^2}{2c^2} + \frac{3}{8}\frac{v^4}{c^4} + \cdots$$

Isso resulta em:

Equação 6.56

$$T \approx \left(1 + \frac{v^2}{2c^2} - 1\right)mc^2 = \frac{1}{2}mv^2 \quad (v \ll c)$$

Exemplo 6.3

Determine a energia de ligação de um dêuteron.

Solução

Um dêuteron ^2H é formado por um próton e um nêutron e tem massa $M_{dêuteron} = 2,014102$ u.

A massa do próton é $m_p = 1,007825$ u e a massa do nêutron é $m_n = 1,008665$ u. A energia de ligação é dada por:

$$E_{lig} = \Delta Mc^2 = \left[M_{dêuteron} - m_p - m_n\right]c^2 = \left[0,002388 \text{ u}\right]c^2$$

Consideramos que:

$$1uc^2 = 931,5 \text{ MeV}$$

Nesse caso, obtemos:

$$E_{lig} = 0,002388 \cdot 931,5 \text{ MeV} = 2,22 \text{ MeV}$$

Em um experimento nuclear em que raios γ são disparados contra dêuterons, a energia mínima que esses raios precisam para separar o dêuteron em um próton e um nêutron é 2,22 MeV:

$$\gamma + {}^2H \to p + n$$

Ao contrário, quando um próton e um nêutron se juntam (em repouso) formando um dêuteron, 2,22 MeV de energia são liberados.

6.6 Eletrodinâmica e relatividade

As equações de Maxwell estabelecem que a luz – as ondas eletromagnéticas em geral – propaga-se no espaço vazio com velocidade constante c. De acordo com a teoria da relatividade especial, diferentes observadores em diferentes referenciais inerciais veem a luz se propagar com essa mesma velocidade c.

A transformação de Lorentz é a expressão dessa invariância da velocidade da luz e, portanto, as leis da eletrodinâmica são, *a priori*, compatíveis com a teoria da relatividade especial.

Vamos mostrar isso escrevendo, por exemplo, a força de Lorentz, $\mathbf{F} = q(\mathbf{E} + \mathbf{v} \times \mathbf{B})$, na formulação 4-dimensional de modo a explicitar a invariância de Lorentz dessa lei.

Comecemos definindo a 4-força como:

Equação 6.57

$$f^\mu = \frac{dp^\mu}{d\tau} = \gamma \frac{dp^\mu}{dt}$$

Logo:

Equação 6.58

$$f^\mu = \gamma \left(\frac{1}{c}\frac{dE}{dt}, \frac{d\mathbf{p}}{dt} \right)$$

Com p = γmv.
Considerando que:

Equação 6.59

$$E\frac{dE}{dt} = \mathbf{p}c^2 \cdot \frac{d\mathbf{p}}{dt} = \mathbf{v} \cdot \mathbf{F}$$

Obtemos:

Equação 6.60

$$f^\mu = \gamma\left(\frac{\mathbf{v} \cdot \mathbf{F}}{c}, \mathbf{F}\right)$$

Notando que f^μ é uma função linear de u^μ e, escrevendo-a em componentes, temos, para a primeira componente:

Equação 6.61

$$f^0 = \frac{\gamma}{c}\left(v_1 E_1 + v_2 E_2 + v_3 E_3\right) = \frac{1}{c}\left(u_1 E_1 + u_2 E_2 + u_3 E_3\right)$$

Para a segunda componente, temos:

Equação 6.62

$$f^1 = \gamma q\left(E_1 + v_2 B_3 - v_3 B_2\right) = q\left(\frac{u_0 E_1}{c} + u_2 B_3 - B_2 u_3\right)$$

E assim por diante.
Esse procedimento produz, ainda:

Equação 6.63

$$F^{\mu}_{\nu} = \begin{pmatrix} 0 & \frac{E_1}{c} & \frac{E_2}{c} & \frac{E_3}{c} \\ \frac{E_1}{c} & 0 & B_3 & B_2 \\ \frac{E_2}{c} & -B_3 & 0 & B_3 \\ \frac{E_3}{c} & B_2 & -B_1 & 0 \end{pmatrix}$$

Essa matriz é o **tensor campo eletromagnético** (ou **tensor de Maxwell**), e podemos escrever a força de Lorentz como:

Equação 6.64

$$f^{\mu} = F^{\mu}_{\nu} u^{\nu}$$

Uma vez que F^{μ}_{ν} especifica os campos **E** e **B** em dado referencial S, podemos determinar a transformação de Lorentz dos campos usando a propriedade do tensor campo eletromagnético, a saber:

Equação 6.65

$$\mathbf{F'} = \Lambda \mathbf{F} \tilde{\Lambda}$$

Em que Λ é a matriz de transformação de Lorentz $\tilde{\Lambda}$ denota sua transposta.

Para o caso de movimento relativo paralelo ao eixo *x*, obtemos:

Equação 6.66

$$E'_1 = E_1 \qquad E'_2 = \gamma\left(E_2 - \beta c B_3\right) \qquad E'_3 = \gamma\left(E_3 + \beta c B_2\right)$$

Equação 6.67

$$B'_1 = B_1 \qquad B'_2 = \gamma\left(B_2 + \frac{\beta E_3}{c}\right) \qquad B'_3 = \gamma\left(B_3 - \frac{\beta E_2}{c}\right)$$

Considerando esse resultado, é notável o fato de que podemos ter uma configuração de cargas no referencial S em que os campos sejam puramente elétricos e, no referencial S', necessariamente, teremos componentes de campo magnético não nulas.

Isso também pode ser usado como uma ferramenta de simplificação, pois, se quisermos obter campos resultantes de uma certa distribuição de cargas e correntes em um referencial S, é possível encontrar outro referencial S' em que os campos podem ser mais facilmente calculados e, por uma transformação de Lorentz, obter os campos no referencial S que se desejava inicialmente.

Para saber mais

GRIFFITHS, D. J. **Introduction to Electrodynamics**. 3. ed. Upper Saddle River: Prentice Hall, 1999.
Sugerimos a leitura dessa obra muito bem escrita que aborda o tópico de eletrodinâmica relativística de maneira aprofundada.

Exemplo 6.4

Considere um fio infinito com densidade de cargas constante λ, alinhado com o eixo z, em repouso no referencial S. Determine os campos **E'** e **B'** no referencial S', que se move paralelamente ao eixo z.

Solução

No referencial S, as cargas estão paradas, portanto **B** = **0**, e o campo **E** pode ser determinado aplicando-se a lei de Gauss e utilizando-se a simetria cilíndrica do problema:

Equação 6.68

$$\mathbf{E} = \frac{2k\lambda}{\rho}\hat{\rho} = \frac{2k\lambda}{\rho^2}(x, y, 0)$$

Nessa equação, k é a constante eletrostática, $\rho = \sqrt{x^2 + y^2}$ é a coordenada cilíndrica axial, e o campo aponta na direção do vetor unitário axial $\hat{\rho} = \left(\frac{x}{\rho}, \frac{y}{\rho}, 0\right)$, como ilustra a Figura 6.3.

Figura 6.3 – Campo elétrico axial de um fio infinito de cargas alinhado com o eixo z, em repouso no referencial S

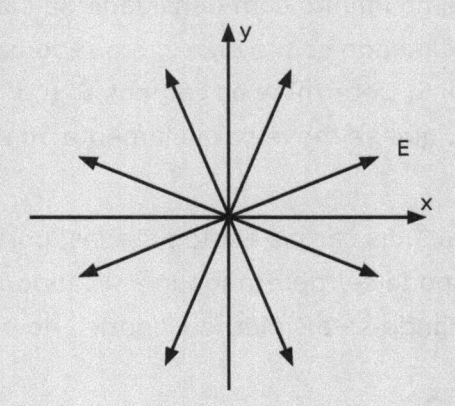

Para obter os campos **E'** e **B'** no referencial S', vamos usar a transformação de Lorentz para um sistema de referencial que se move paralelamente ao eixo z. Nesse caso, as transformações de Lorentz são:

Equação 6.69

$$E'_1 = \gamma\left(E_1 - \beta c B_2\right) \quad E'_2 = \gamma\left(E_2 + \beta c B_1\right) \quad E'_3 = E_3$$

Equação 6.70

$$B'_1 = \gamma\left(B_1 + \frac{\beta E_2}{c}\right) \quad B'_2 = \gamma\left(B_2 - \frac{\beta E_1}{c}\right) \quad B'_3 = B_3$$

Substituindo **B** = **0**, obtemos:

Equação 6.71

$$E' = \gamma \frac{2k\lambda'}{\rho} \hat{\rho} = \frac{2k\lambda}{\rho^2}(x, y, 0)$$

Em que usamos o fato de as densidades de carga λ e λ' não serem iguais, mas a carga total ser invariante, isto é, $\lambda dz = \lambda' dz'$.

Como o movimento ocorre na direção z, o efeito relativístico da contração do comprimento leva a $dz = \dfrac{dz'}{\gamma}$ e, portanto, $\lambda = \gamma \lambda'$. Além disso, como o movimento ocorre na direção do eixo z, as distâncias perpendiculares permanecem invariantes $\rho = \rho'$.

Para o campo magnético, obtemos:

Equação 6.72

$$\mathbf{B'} = \frac{\gamma\beta}{c}\frac{2k\lambda'}{\rho^2}(x, -y, 0) = \frac{v}{c^2}\frac{2k\lambda}{\rho^2}(x, -y, 0)$$

Identificando que $\dfrac{k}{c^2} = \dfrac{\mu_0}{4\pi}$ e $\hat{\phi} = \left(\dfrac{x}{\rho}, -\dfrac{y}{\rho}, 0\right)$, podemos escrever:

Equação 6.73

$$\mathbf{B'} = \frac{\mu_0}{2\pi}\frac{\lambda v}{\rho}\hat{\phi} = \frac{\mu_0}{2\pi}\frac{I}{\rho}\hat{\phi}$$

Nessa equação, $I = \lambda v$ é a corrente vista no referencial S' em razão do movimento relativo entre os referenciais. Também percebemos que esse resultado é justamente a lei de Ampère aplicada ao problema de um fio reto de corrente.

Figura 6.4 – Campos no referencial S'

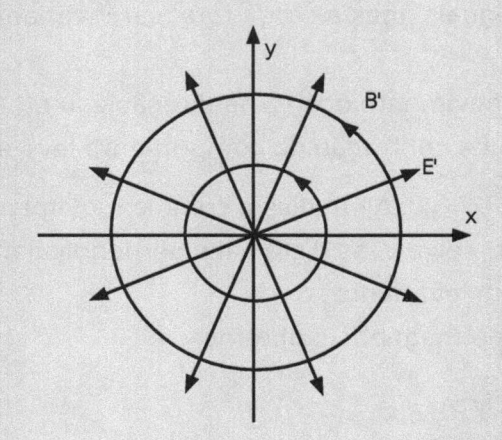

Portanto, no referencial S', um observador mediria não só um campo elétrico, mas também um campo magnético, como ilustra a Figura 6.4.

6.7 Função lagrangiana na relatividade especial

Vamos, agora, estender o formalismo lagrangiano à mecânica relativística discutida até aqui. Para isso, vamos escrever a lagrangiana de uma partícula (não relativística) que se move sob a ação de um potencial, independentemente da velocidade. Como vimos anteriormente:

Equação 6.74

$$p_i = \frac{\partial L}{\partial u_i}$$

Uma vez que a expressão relativística para o momento é $p_i = \gamma m u_i$, queremos que:

Equação 6.75

$$\frac{\partial \mathcal{L}}{\partial u_i} = \gamma m u_i$$

Já que essa é a parte dependente da velocidade, esperamos que a porção da lagrangiana que não envolve a velocidade seja a mesma do caso não relativístico, ou seja:

Equação 6.76

$$\mathcal{L} = \tilde{T} - U$$

Nessa equação, $\tilde{T}$ é a parte da lagrangiana dependente da velocidade da partícula, que não coincide, necessariamente, com a energia cinética.

Temos, então:

Equação 6.77

$$\frac{\partial \tilde{T}}{\partial u_i} = \frac{m u_i}{\sqrt{1 - \beta^2}}$$

A menos de um fator constante de integração, podemos escrever:

Equação 6.78

$$\tilde{T} = -mc^2 \sqrt{1 - \beta^2}$$

De modo que:

Equação 6.79

$$\mathcal{L} = -mc^2\sqrt{1-\beta^2} - U$$

Essa é a função lagrangiana relativística.
Por definição, a função hamiltoniana é dada por:

Equação 6.80

$$\mathcal{H} = \sum_i u_i p_i - \mathcal{L} = \sum_i \frac{p_i^2}{\gamma m} + \frac{mc^2}{\gamma} + U$$

Reescrevendo essa igualdade, temos:

Equação 6.81

$$\mathcal{H} = \sum_i \frac{1}{\gamma mc^2}\left(p^2 c^2 + m^2 c^4\right) + U$$

Nessa equação, reconhecemos o termo entre parênteses como o quadrado da energia relativística E. Assim:

Equação 6.82

$$\mathcal{H} = E + U = T + U + E_0$$

Esse resultado difere da energia total no caso não relativístico por incluir a energia de repouso da partícula.

Exemplo 6.5

Dado um oscilador harmônico unidimensional relativístico, cuja lagrangiana é:

$$\mathcal{L} = \left(1 - \sqrt{1-\beta^2}\right)mc^2 - \frac{1}{2}kx^2$$

Obtenha as equações de Euler-Lagrange de movimento e a energia total do sistema.

Solução

Nesse problema, temos:

$$\frac{\partial \mathcal{L}}{\partial x} = -kx$$

E ainda:

$$\frac{\partial \mathcal{L}}{\partial v} = \frac{\partial \mathcal{L}}{\partial \beta}\frac{\partial \beta}{\partial v} = \frac{1}{c}\frac{\partial \mathcal{L}}{\partial \beta} = \frac{mc\beta}{\sqrt{1-\beta^2}}$$

Logo, a equação de Euler-Lagrange do movimento é:

$$\frac{d}{dt}\left[\frac{mc\beta}{\sqrt{1-\beta^2}}\right] + kx = 0$$

Isso resulta em:

$$\frac{mc\dot\beta}{\left(1-\beta^2\right)^{\frac{3}{2}}} + kx = 0$$

Podemos reescrever essa equação como:

$$\dot\beta = \frac{1}{c}\frac{dv}{dt} = \beta\frac{dv}{dx} = c\beta\frac{d\beta}{dx}$$

Obtemos, assim, a seguinte expressão:

$$\frac{mc^2\beta}{(1-\beta^2)^{\frac{3}{2}}}\frac{d\beta}{dx}+kx=0$$

A qual pode ser facilmente integrada para produzir:

$$\frac{mc^2}{\sqrt{1-\beta^2}}+\frac{1}{2}kx^2=C$$

Em que C é uma constante de integração.

Identificando a constante C como a energia total do sistema, para o ponto x = a, a amplitude máxima do oscilador, teremos β = 0 (pois é o ponto de inversão de movimento do oscilador) e, assim, obtemos:

$$E=mc^2+\frac{1}{2}ka^2$$

Essa é a expressão da energia total do oscilador.

Síntese

Neste capítulo, abordamos os seguintes temas:

- **Postulados da teoria da relatividade especial**

    A teoria da relatividade especial de Einstein é baseada em dois postulados:

    1. Todas as leis físicas são iguais em todos os referenciais inerciais.
    2. A velocidade da luz é a mesma para todos os referenciais inerciais.

- **Intervalo entre dois eventos**

    O intervalo entre dois eventos, ou intervalo de espaço-tempo, é definido como:

    $$ds^2 = c^2 dt^2 - \left(dx^2 + dy^2 + dz^2\right)$$

- **Dilatação do tempo**

    Se dois eventos, observados em um referencial S', ocorrem no mesmo ponto do espaço e são separados por um tempo $d\tau$ (chamado **tempo próprio**), então o tempo entre eles, medido em qualquer outro referencial S que se move com velocidade V em relação a S', é:

    $$dt = \frac{d\tau}{\sqrt{1 - \frac{V^2}{c^2}}} = \gamma d\tau$$

    Nessa equação: $\gamma = \frac{1}{\sqrt{1-\beta^2}}$, $\beta = \frac{V}{c}$.

- **Contração do comprimento**

    Se um corpo está em repouso, tem comprimento L' em um referencial S' e seu comprimento L é medido messe referencial, que se move com velocidade V na direção do comprimento, temos:

    $$L' = \gamma L$$

    Nesse caso, os comprimentos perpendiculares a V permanecem inalterados.

- **Cone de luz**

    O cone de luz de um ponto A no espaço-tempo consiste em todos os raios de luz que passam por A.

Geometricamente, ele contém todos os pontos C com $(x_A - x_C)^2 = 0$. As regiões internas ao cone definem o passado e o futuro e os pontos nessas regiões têm relação causal.

- **Transformação de Lorentz**

Considerando dois sistemas de referência S e S', cujos eixos coincidem em $t = t' = 0$, e com S' se movendo paralelamente ao eixo $x = x'$ com velocidade V em relação a S, definimos $\beta = \dfrac{V}{c}$ e obtemos:

$$\begin{cases} ct' = \gamma(ct - \beta x) \\ x' = \gamma(x - \beta ct) \\ y' = y \\ z' = z \end{cases}$$

Na forma matricial, temos:

$$\begin{pmatrix} ct' \\ x' \\ y' \\ z' \end{pmatrix} = \begin{pmatrix} \gamma & -\gamma\beta & 0 & 0 \\ -\gamma\beta & \gamma & 0 & 0 \\ 0 & 0 & 1 & 0 \\ 0 & 0 & 0 & 1 \end{pmatrix} \begin{pmatrix} ct \\ x \\ y \\ z \end{pmatrix}$$

A transformação de Lorentz inversa é obtida trocando-se as variáveis linha e não linha e mudando o sinal de β.

- **Adição de velocidades**

As velocidades medidas em dois referenciais são relacionas por:

$$v'_x = \dfrac{v_x - V}{1 - \dfrac{V v_x}{c^2}}$$

E ainda:

$$v'_{y,z} = \frac{v_{y,z}}{1 - \frac{Vv_x}{c^2}}$$

- **Quadrivetores**

Um 4-vetor é um conjunto de quatro números $\left[x = \left(x^0, x^1, x^2, x^3\right)\right]$ para um referencial inercial, que se transforma segundo a equação matricial x' = Λx. Para um sistema de referência, se denotarmos as coordenadas no espaço-tempo por x^μ, teremos:

$$x^\mu = \left(x^0, x^1, x^2, x^3\right) = \left(ct, x^i\right) = \left(ct, r\right)$$

Dessa forma, a transformação de Lorentz pode ser interpretada como uma rotação:

$$x'^\mu = \Lambda^\mu_\nu x^\nu$$

Nessa equação, Λ^μ_ν é a matriz 4 × 4 da transformação de Lorentz.

- **Quadrivelocidade e quadrimomento**

A 4-velocidade é definida como:

$$u^\mu = \frac{dx^\mu}{d\tau}$$

Definimos o 4-momento como o produto da massa pela 4-velocidade:

$$p^\mu = mu^\mu$$

Em que *m* é a chamada *massa de repouso*.

Com base na relação dimensional entre momento e energia, definimos a energia relativística como:

$$E = p^0 c = \gamma mc^2$$

Podemos escrever o 4-momento da seguinte forma:

$$p^\mu = \left(\frac{E}{c}, \gamma \mathbf{p}\right)$$

Em que $\mathbf{p}$ é o vetor momento não relativístico.

- **Eletrodinâmica e relatividade**

Para o caso de movimento relativo paralelo ao eixo x, os campos elétricos e magnéticos se transformam segundo a equações a seguir:

$$E'_1 = E_1 \quad E'_2 = \gamma(E_2 - \beta c B_3) \quad E'_3 = \gamma(E_3 + \beta c B_2)$$

$$B'_1 = B_1 \quad B'_2 = \gamma\left(B_2 + \frac{\beta E_3}{c}\right) \quad B'_3 = \gamma\left(B_3 - \frac{\beta E_2}{c}\right)$$

- **Função lagrangiana na relatividade especial**

A função lagrangiana relativística é:

$$\mathcal{L} = -mc^2\sqrt{1-\beta^2} - U$$

A função hamiltoniana é dada por:

$$\mathcal{H} = \sum_i \frac{1}{\gamma mc^2}\left(p^2c^2 + m^2c^4\right) + U$$

Assim:

$$\mathcal{H} = E + U = T + U + E_0$$

Esse resultado difere da energia total no caso não relativístico por incluir a energia de repouso da partícula.

Questões para revisão

1) Um trem com comprimento próprio L se move com velocidade $\frac{5c}{13}$ em relação a um referencial fixo no solo. Uma bola é jogada com velocidade $\frac{c}{3}$, medida em relação ao trem, da parte de trás do trem em direção à sua frente. Para um observador fixo no solo, o tempo em que a bola fica no ar e seu alcance são, respectivamente:

   a) $x = \frac{7L}{3}$ e $t = \frac{11L}{3c}$.

   b) $x = \frac{3L}{2}$ e $t = \frac{11L}{3c}$.

   c) $x = \frac{7L}{5}$ e $t = \frac{13L}{3c}$.

   d) $x = \frac{7L}{3}$ e $t = \frac{13L}{3c}$.

   e) $x = \frac{7L}{5}$ e $t = \frac{11L}{3c}$.

2) Dois eventos são separados por $3,6 \cdot 10^8$ m em um intervalo de 2 s. O intervalo de tempo próprio entre esses dois eventos é:
   a) 3,4 s.
   b) 2,0 s.
   c) 1,7 s.
   d) 1,6 s.
   e) 0,8 s.

3) Uma partícula de carga q e massa m_0 é mantida em repouso na origem. Se em $t = 0$ um campo elétrico $\vec{E} = E_0 \hat{i}$ começa a agir sobre a partícula, então sua velocidade no tempo em t será:

a) $\dfrac{qE_0 ct}{m_0 c - qE_0 t}$.

b) $\dfrac{qE_0 ct}{\sqrt{m_0^2 c^2 - q^2 E_0^2 t^2}}$.

c) $\dfrac{qE_0 ct}{m_0 c + qE_0 t}$.

d) $\dfrac{qE_0 ct}{\sqrt{m_0^2 c^2 + q^2 E_0^2 t^2}}$.

e) $\dfrac{qE_0 ct}{m_0 c \sqrt{1 - \dfrac{q^2 E_0^2 t^2}{2 m_0^2 c^2}}}$.

4) Mostre que a segunda lei de Newton é invariante por uma transformação de Galileu.

5) Considerando uma colisão inelástica na forma $A + B \rightarrow C + D$, mostre que a lei de conservação do momento não relativístico é invariante sob uma transformação de Galileu.

6) Mostre que a equação de onda $\nabla^2 \Psi - \dfrac{1}{c^2} \dfrac{\partial^2 \Psi}{\partial t^2} = 0$ é invariante por uma transformação de Lorentz.

7) Mostre que dois eventos simultâneos no referencial S, separados por uma distância Δx nesse referencial, não serão simultâneos no referencial S'.

8) Uma estação espacial orbita a Terra com velocidade de 8 km/s. Qual o fator γ para a estação a essa velocidade? Se, em um dado instante, os relógios de um astronauta nessa estação e de um observador na Terra estiverem sincronizados, qual será a diferença percentual medida pelo observador na Terra uma hora depois?

9) Uma barra de comprimento L é fixada com uma extremidade na origem do referencial S, formando um ângulo θ com o eixo x. Quais são o comprimento e a orientação dessa barra segundo um observador no referencial S'?

10) Sabendo que a massa de repouso do elétron é $m_e = 9{,}11 \cdot 10^{-31}$ kg, calcule sua massa quando ele se move a 0,84 c.

11) Um múon está se movendo verticalmente para baixo, com velocidade escalar v = 0,999 c através da atmosfera terrestre. Se seu tempo de vida-média, no referencial de repouso, é de 1,5 μs, qual é sua meia-vida para um observador em repouso na Terra?

12) Um fóton se move com velocidade c no referencial S. Qual é a velocidade observada para o fóton no referencial S'?

13) Mostre que, para dois objetos *a* e *b*, o produto escalar de suas 4-velocidades é

$$u_a \cdot u_b = c^2 \gamma(v_{rel}), \text{ em que } \gamma(V) = \frac{1}{\sqrt{1-\frac{v^2}{c^2}}} \text{ e } v_{rel} \text{ é}$$

a velocidade de *a* no referencial de repouso de *b* e vice-versa.

14) Quando um núcleo radioativo de astatínio 215 decai em repouso, todo o átomo é dividido em dois segundo a reação $^{215}At \rightarrow {}^{211}Bi + {}^{4}He$. As massas dos três átomos são $m_{At} = 214,9986$, $m_{Bi} = 210,9873$ e $m_{He} = 4,0026$, todas em unidades de massa atômica (1 unidade de massa atômica = $1,66 \cdot 10^{-27}$ kg = 931,5 MeV/c^2). Qual é a energia cinética total dos dois átomos gerados, em joules e em MeV?

15) Prove que **E** · **B** e $E^2 - c^2 B^2$ são invariantes sob qualquer transformação de Lorentz.

16) Usando as equações de transformação para os campos, mostre que, se **E** = **0** no referencial S, então **E'** = **v** × **B'** no referencial S'. Da mesma forma, mostre que, se **B** = **0** no referencial S, então $\mathbf{B'} = -\frac{\mathbf{v} \times \mathbf{E'}}{c^2}$ no referencial S'.

Questão para reflexão

1) Uma cobra relativística, de comprimento próprio de 100 cm, está viajando sobre uma mesa à velocidade V = 0,6 c. Para provocar a cobra, um estudante de física segura dois cutelos com 100 cm de distância e planeja jogá-los simultaneamente na mesa para que o esquerdo caia logo atrás da cauda do animal.

O aluno raciocina da seguinte forma: "A cobra está se movendo com β = 0,6, então seu comprimento é contraído pelo fator $\gamma = \frac{5}{4}$ e seu comprimento, medido no meu referencial, é de 80 cm. Portanto, o cutelo em minha mão direita salta bem à frente da cobra, que sai ilesa".

Enquanto isso, a cobra raciocina assim: "Os cutelos estão se aproximando de mim a β = 0,6; então, a distância entre eles é reduzida para 80 cm e eu, certamente, serei cortada em pedaços quando eles caírem".

Pense sobre esse aparente paradoxo e discuta com seus colegas.

Considerações finais

A mecânica analítica é muito mais que uma ferramenta elegante para a solução de problemas de dinâmica em física e em engenharia. Suas aplicações práticas foram cruciais no desenvolvimento tecnológico, porém não precisam ser usadas como justificativa para demonstrar sua importância, visto que a própria existência dos princípios gerais da mecânica já se justifica.

Tendo isso em mente, ao longo desta obra, procuramos chamar a atenção para os aspectos fundamentais de cada tópico e buscar conexões com o que já se supõe conhecido pelo leitor, apresentando técnicas matemáticas pertinentes em cada caso.

No Capítulo 1, abordamos a noção de funcional e a técnica do cálculo variacional para obter o extremo de um funcional. Com base no princípio de Hamilton, vimos como construir o funcional de ação que deve ser um extremo para a obtenção das equações diferenciais (de segunda ordem) que descrevem o movimento de um sistema mecânico. Apesar de essa formulação ser equivalente às equações de Newton, observamos que ela traz vantagens de ordem técnica que facilitam a resolução de problemas que, na abordagem tradicional, pela segunda lei de Newton, seriam consideravelmente mais complicados.

Com base nessa formulação, no Capítulo 2, mostramos que os teoremas de conservação de energia, momento linear e momento angular podem ser interpretados como operações de simetria da função lagrangiana. Além disso, discutimos o método hamiltoniano, baseado na função hamiltoniana, que, para muitos sistemas físicos, coincide com a energia total e permite obter as equações canônicas de movimento, que são equações diferenciais de primeira ordem. Fizemos uma breve explanação sobre o espaço de fase, uma ferramenta de visualização e análise do movimento (especialmente importante em teoria do caos), além de apresentarmos o teorema virial.

Dedicamos o Capítulo 3 ao estudo dos sistemas de partículas interagentes e desenvolvemos expressões para grandezas da dinâmica do sistema, como energia cinética, momento linear e momento angular. Em particular, analisamos um sistema de duas partículas colidindo e abordamos as equações para as grandezas físicas pertinentes antes e após a colisão no referencial do laboratório e no referencial do centro de massa do sistema. No capítulo 4, avançamos para além das colisões e analisamos a teoria do espalhamento, definindo a seção de choque e exemplificando esse modelo no caso do experimento de espalhamento de Rutherford.

No Capítulo 5, introduzimos a ideia de tensor para estudar o movimento de rotação de um corpo rígido.

A matemática das equações matriciais foi explorada para o cálculo de rotações de vetores em relação aos eixos e a obtenção de autovalores e autovetores do tensor de inércia. Os autovalores foram interpretados como os momentos principais de inércia e os autovetores como os eixos principais, e sua conexão com a simetria do corpo foi amplamente discutida. Também nesse capítulo, ao aplicarmos essas técnicas ao movimento de um pião, notamos que as condições iniciais podem levar a movimentos de precessão e de nutação.

Finalmente, no Capítulo 6, apresentamos as noções básicas da teoria da relatividade especial e as consequências de seus postulados para as grandezas medidas em referenciais distintos que se movem entre si. Do ponto de vista da matemática, introduzimos a noção de quadrivetores, de modo a simplificar as transformações entre referenciais para grandezas como velocidade, momento e campos eletromagnéticos, expressos pelo tensor de tensões de Maxwell. Também construímos uma lagrangiana relativística relacionando as ideias e as definições do primeiro e do último capítulo.

Como não podia deixar de ser, a intenção deste livro foi oferecer subsídios teóricos para que você, leitor, possa usar essas ferramentas e aplicá-las em seus estudos atuais e em conhecimentos mais avançados.

Oxalá esta obra tenha ajudado você a ir além do curso de mecânica analítica, permitindo-lhe enxergar a beleza da natureza por meio do estudo da física.

Referências

ASHBAUGH, M. S.; CHICONE, C. C.; CUSHMAN, R. H. The Twisting Tennis Racket. **Journal of Dynamics and Differential Equations**, v. 3, n. 1, p. 67-85, 1991. Disponível em: <https://pdfslide.net/reader/f/the-twisting-tennis-racket>. Acesso em: 3 fev. 2022.

BOAS, M. **Mathematical Methods in the Physical Sciences**. 2 ed. New Jersey: John Wiley & Sons, 1983.

GEIGER H.; MARSDEN, E. The Laws of Deflection of α Particles through Large Angles. **The Philosophical Magazine: A Journal of Theoretical Experimental and Applied Physics**, London, n. 6, v. 25, p. 604-623, 1913.

GOLDSTEIN, H.; POOLE, C.; SAFKO, J. **Classical Mechanics**. 3. ed. New York: Pearson, 2002.

GREENWOOD, D. T. **Classical Dynamics**. New York: Prentice-Hall, 1977.

GRIFFITHS, D. J. **Introduction to Electrodynamics**. 3. ed. Upper Saddle River: Prentice Hall, 1999.

HAMILL, P. **A Student's Guide to Lagrangians and Hamiltonians**. Cambridge: Cambridge University Press, 2014.

HAMILTON, W. R. On a General Method in Dynamics: by which the Study of the Motions of All Free Systems of Attracting or Repelling Points is Reduced to the Search and Differentiation of One Central Relation, or Characteristic Function. **Philosophical Transactions of the Royal Society**, London, n. 124, p. 247-308, 1834.

ILISIE, V. **Lecture in Classical Mechanics with Solved Problems and Exercises**. New York: Springer, 2020.

JOSÉ, J. V.; SALETAN, E. J. **Classical Dynamics**: a Contemporary Approach. Cambridge: Cambridge University Press, 1998.

LANCZOS, C. **The Variational Principles of Mechanics**. 4 ed. New York: Dover Publications, 1986.

LANCZOS, C. **The Variational Principles of Mechanics**. Oxford: Oxford University Press, 1952.

MICHELSON, A. A; MORLEY, E. W. On the Relative Motion of the Earth and the Luminiferous Ether. **American Journal of Science: Third Series**, New Haven, v. 34, n. 203, p. 449-463, Nov. 1887.

POPE, A. Epitaph: Intended for Sir Isaac Newton. In: RATCLIFFE, S. (Ed.). **Oxford Essential Quotations**. 5 ed. Oxford: Oxford University Press, 2017. Disponível em: <https://www.oxfordreference.com/view/10.1093/acref/9780191843730.001.0001/q-oro-ed5-00008452?rskey=WtB8Yg&result=2995>. Acesso em: 21 jan. 2022.

SYMON, K. R. **Mechanics**. 2. ed. New York: Addison-Wesley, 1960.

TAYLOR, J. R. **Classical Mechanic**. New York: University Science Books, 2005.

THORNTON, S. T.; MARION, J. B. **Classical Dynamics of Particles and Systems**. 4. ed. New York: Thomson Brooks Cole, 2003.

THORNTON, S. T.; MARION, J. B. **Dinâmica clássica de partículas e sistemas**. Tradução de All Tasks. São Paulo: Cengage Learning, 2012.

Respostas

Capítulo 1

Questões para revisão

1) d

2) c

Duas partículas no espaço tridimensional têm, combinadas, 6 graus de liberdade. Se elas tiverem um vínculo mantendo a distância entre elas constante, então as seis coordenadas deverão satisfazer a um único vínculo dado pela equação da distância entre elas.

3) b

4) $l(\mu) = 2\pi + \mu^2 \pi$.

5) $y(x) = 2c_1\sqrt{x - c_1^2} + c_3$.

11) A lagrangiana é: $\mathcal{L} = \frac{1}{2}m(\dot{x}^2 + \dot{y}^2 + \dot{z}^2) - mgz$, que produz as equações $\ddot{x} = 0$, $\ddot{y} = 0$ e $\ddot{z} = -g$.

12) $x(t) = A_1 \operatorname{sen}\left(\sqrt{\frac{m}{k}}t + \delta_1\right)$; $y(t) = A_2 \operatorname{sen}\left(\sqrt{\frac{m}{k}}t + \delta_2\right)$.

13) As coordenadas generalizadas são (r, θ, z); o vínculo é $r = z \cot \alpha$. As equações de movimento são $mr^2\dot{\theta}$ = constante; $\ddot{r} - r\dot{\theta}^2 \operatorname{sen}^2\alpha + g\operatorname{sen}\alpha \cos\alpha = 0$.

14) Usando (θ, ϕ) como coordenadas generalizadas e $I = \left(\frac{2}{5}\right)mR^2$, a equação de vínculo fica

$f(\theta, \phi) = (\rho - R)\theta - R\phi = 0$; a lagrangiana é
$$\mathcal{L} = \frac{1}{2}m(\rho-R)^2\dot{\theta}^2 + \frac{1}{5}mR^2\dot{\phi}^2 - \left[\rho - (\rho-R)\cos\theta\right]mg;$$
a equação de movimento para θ é $\ddot{\theta} = -\omega^2 \operatorname{sen}\theta$, com frequência para pequenas oscilações $\omega = \sqrt{\dfrac{5g}{7(\rho-R)}}$.

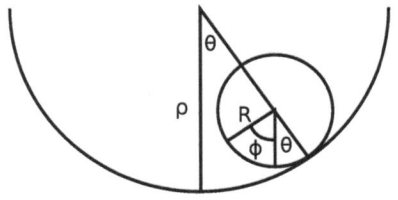

15) A lagrangiana é
$$\mathcal{L} = \frac{1}{2}m\left[a^2\omega^2 + b^2\dot{\theta}^2 + 2b\dot{\theta}a\omega\operatorname{sen}(\theta-\omega t)\right] - mgR(a\operatorname{sen}\omega t - b\cos\theta)$$
a equação de movimento é $\ddot{\theta} = \dfrac{\omega^2 a}{b}\cos(\theta-\omega t) - \dfrac{g}{b}\operatorname{sen}\theta$.

A equação de movimento ocorre para
$$\ddot{\theta} = \frac{\omega^2 a}{b}\cos(\theta-\omega t) - \frac{g}{b}\operatorname{sen}\theta.$$

16) A lagrangiana é $\mathcal{L} = \dfrac{1}{2}mR^2\left(\dot{\theta}^2 + \omega^2\operatorname{sen}^2\theta\right) - mgR(1-\cos\theta)$;
a equação de movimento é $\ddot{\theta} = \left(\omega^2\cos\theta - \dfrac{g}{R}\right)\operatorname{sen}\theta$.

O equilíbrio ocorre para $\ddot{\theta} = 0$, $\left(\omega^2\cos\theta - \dfrac{g}{R}\right)\operatorname{sen}\theta = 0$, que dá $\theta = 0$ ou $\theta = \pi$ e $\theta = \pm\cos^{-1}\left(\dfrac{g}{\omega^2 R}\right)$.

Capítulo 2

Questões para revisão

1) c

2) b

3) a

4) A hamiltoniana é $\mathcal{H} = \frac{1}{2}m\dot{y}^2 + \frac{1}{2}mR^2\dot{\theta} + mg(s-y)\sin\alpha$.

5) A hamiltoniana é $\mathcal{H} = \frac{1}{2m}\left(p_x^2 + p_y^2 + p_z^2\right) + U(x, y, z)$;

   as equações de Hamilton são

   $\dot{x} = \frac{\partial \mathcal{H}}{\partial p_x} = \frac{p_x}{m}$; e $\dot{p}_x = -\frac{\partial \mathcal{H}}{\partial x} = -\frac{dU}{dx}$. Procedemos

   analogamente para as componentes y e z. Podemos, então, escrever $\mathbf{v} = \frac{\mathbf{p}}{m}$ e $\dot{\mathbf{p}} = \mathbf{F} = -\nabla \cdot U$.

6) A hamiltoniana é $\mathcal{H} = \frac{1}{2m}\left(p_r^2 + \frac{p_\phi^2}{r^2}\right) + U(r)$; as equações

   de Hamilton são $\dot{r} = \frac{\partial \mathcal{H}}{\partial p_r} = \frac{p_r}{m}$; $\dot{p}_r = -\frac{\partial \mathcal{H}}{\partial r} = \frac{p_\phi^2}{mr^3} - \frac{dU}{dr}$;

   $\dot{\phi} = \frac{\partial \mathcal{H}}{\partial p_\phi} = \frac{p_\phi}{mr^2}$; $\dot{p}_\phi = -\frac{\partial \mathcal{H}}{\partial \phi} = 0$.

7) A hamiltoniana é $\mathcal{H} = \frac{p_x^2}{2m} + \frac{k}{x}e^{-t/\tau}$. Como o potencial não depende da velocidade, temos $\mathcal{H} = E$; entretanto, a energia não se conversa, pois a hamiltoniana depende explicitamente do tempo.

8) As equações de Hamilton são

   $\dot{\phi} = \frac{\partial \mathcal{H}}{\partial p_\phi} = \frac{p_\phi}{m(c^2 + R^2)}$; $\dot{p}_\phi = -\frac{\partial \mathcal{H}}{\partial \phi} = -mgc$; e a equação de movimento fica $\ddot{\phi} = -\frac{gc}{c^2 + R^2}$.

9) A hamiltoniana é $\mathcal{H} = \frac{p_x^2}{2\left[m_1 + m_2 + \frac{I}{a^2}\right]} - m_1 gx - m_2 g(l-x)$.

10) As equações de Hamilton são

$$\dot{z} = \frac{\partial \mathcal{H}}{\partial p_z} = \frac{p_z}{m(c^2+1)}; \quad \dot{p}_z = -\frac{\partial \mathcal{H}}{\partial z} = \frac{p_\phi^2}{mc^2 z^3} - mg;$$

$$\dot{\phi} = \frac{\partial \mathcal{H}}{\partial p_\phi} = \frac{p_\phi}{mc^2 z^2}; \quad \dot{p}_\phi = -\frac{\partial \mathcal{H}}{\partial \phi} = 0.$$

11) Usando coordenadas polares:

a) As equações de movimento são:

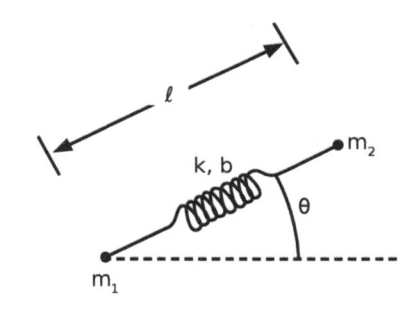

$$\ddot{l} - l\dot\theta^2 + \ddot{x}_1 \cos\theta + \ddot{y}_1 \sin\theta + \frac{k}{m_2}(l-b) = 0$$

$$\ddot\theta + \frac{2}{l}\dot l \dot\theta + \frac{\cos\theta}{l}\ddot{y}_1 - \frac{\sin\theta}{l}\ddot{x}_1 = 0$$

b) O momento linear total é constante:

$$\frac{\partial \mathcal{L}}{\partial \dot{x}_1} = p_x = \text{constante}; \quad \frac{\partial \mathcal{L}}{\partial \dot{y}_1} = p_y = \text{constante}$$

c) As equações de Hamilton são

$$\dot{x}_1 = \frac{\partial \mathcal{H}}{\partial p_{x_1}} = \frac{1}{m_1}\left[p_{x_1} - p_l \cos\theta + \frac{\sin\theta}{l} p_\theta \right]; \quad \dot{p}_{x_1} = -\frac{\partial \mathcal{H}}{\partial x_1} = 0;$$

$$\dot{y}_1 = \frac{\partial \mathcal{H}}{\partial p_{y_1}} = \frac{1}{m_1}\left[p_{y_1} - p_l \sin\theta - \frac{\cos\theta}{l} p_\theta \right]; \quad \dot{p}_{y_1} = -\frac{\partial \mathcal{H}}{\partial y_1} = 0;$$

$$\dot{l} = \frac{\partial \mathcal{H}}{\partial p_l} = \frac{1}{m_1}\left[\frac{m_1+m_2}{m_1} p_\theta - p_{x_1}\cos\theta - p_{y_1}\sin\theta \right];$$

$$\dot{p}_l = -\frac{\partial \mathcal{H}}{\partial l} = \frac{m_1 + m_2}{m_1 m_2 l^3} p_\theta^2 + \frac{p_\theta}{m_1 l^2}\left(p_{x_1} \sen\theta - p_{y_1}\cos\theta\right) - k\left(l - b\right);$$

$$\dot{\theta} = \frac{\partial \mathcal{H}}{\partial p_\theta} = \frac{1}{m_1 l}\left[\frac{m_1 + m_2}{m_1 l}p_\theta + p_{x_1}\sen\theta - p_{y_1}\cos\theta\right];$$

$$\dot{p}_\theta = -\frac{\partial \mathcal{H}}{\partial \theta} = \frac{p_l}{m_1}\left(-p_{x_1}\sen\theta + p_{y_1}\cos\theta\right) - \frac{p_\theta}{m_1 l}\left(p_{x_1}\cos\theta + p_{y_1}\sen\theta\right).$$

12) As equações de Hamilton são

$$\dot{r} = \frac{\partial \mathcal{H}}{\partial p_r} = \frac{p_r}{m}; \quad \dot{p}_r = -\frac{\partial \mathcal{H}}{\partial r} = \frac{p_\theta^2}{mr^3} - \frac{k}{r^2};$$

$$\dot{\theta} = \frac{\partial \mathcal{H}}{\partial p_\theta} = \frac{p_\theta}{mr^2}; \quad \dot{p}_\theta = -\frac{\partial \mathcal{H}}{\partial \theta} = 0.$$

13) A hamiltoniana é $\mathcal{H} = \frac{p^2}{2m} - mgx$, ou seja, as trajetórias no espaço de fase são parábolas:

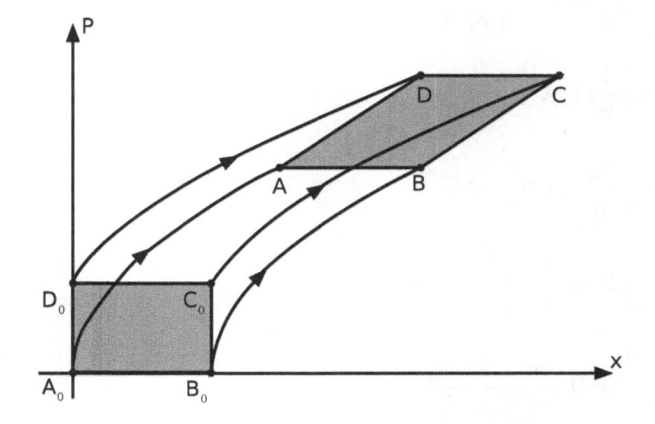

14) Você pode ver que o retângulo inicial $A_0 B_0 C_0 D_0$ evoluiu em um paralelogramo ABCD. No entanto, é fácil mostrar que a área do paralelogramo é a mesma do

retângulo original (mesma base, $A_0B_0 = AB$ e mesma altura), que é o teorema de Liouville.

15) As equações de Hamilton são

$$\dot{x} = \frac{\partial \mathcal{H}}{\partial p} = \frac{p}{m}; \dot{p} = -\frac{\partial \mathcal{H}}{\partial x} = -(kx + bx^3).$$

Capítulo 3

Questões para revisão

1) b
2) c
3) b
4) a
5) d
6) $t = \sqrt{\frac{L}{g}} \cosh^{-1}\left(\frac{L}{x_0}\right)$
7) $R = \left(\frac{1}{6}, 0, 0\right)$
8) $R = \left(\frac{2a}{\theta}, \operatorname{sen}\frac{\theta}{2}, 0\right)$
9) $R = \left(0, 0, \frac{3}{4}h\right)$
10) $R = \left(0, 0, \frac{h^2 - 3a^3}{4(2a + h)}\right)$

11) $v = \sqrt{\dfrac{2gx}{3}}$; $a = \dfrac{g}{3}$

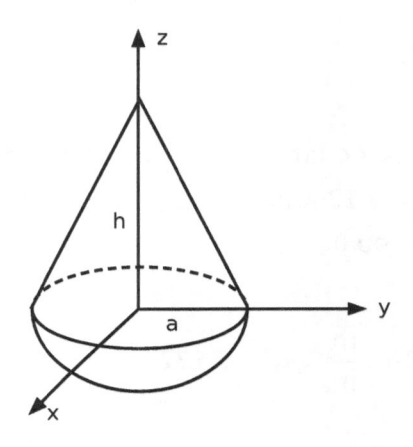

13) $m(t) = m_0 e^{-\frac{v-v_0+gt}{u}}$

14) $m < m_0 e^{-\frac{gt}{u}}$

15) $W = m_0 uv e^{-\frac{v}{u}}$

Capítulo 4

Questões para revisão

1) c

O parâmetro de impacto é definido como a distância perpendicular entre a trajetória da partícula incidente e o centro do potencial gerado pelo alvo.

2) d

3) a

4) $\dfrac{\Delta K}{K} = \dfrac{m_2}{m_1 + m_2}$

5)
   a) $v_{dêuteron} = 14{,}44$ km/s; $v_{nêutron} = 5{,}18$ km/s;
   u $v_{dêuteron} = 5{,}12$ km/s; $v_{nêutron} = 19{,}79$ km/s
   b) $\theta = 74{,}84°$ ou $\theta = 5{,}16°$
   c) $\theta_{máx} = 30°$

6) $\dfrac{u_1}{u_2} = \alpha = 0{,}414$; $\dfrac{m_1}{m_2} = \alpha^2 = 0{,}172$

7)
   a) $\cos\theta' = 1 - \dfrac{5(m_1 + m_2)^2}{18 m_1 m_2}$ e $\tan\theta = \dfrac{\operatorname{sen}\theta'}{\cos\theta' + \dfrac{m_1}{m_2}}$
   b) $\dfrac{1}{5} \le \dfrac{m_1}{m_2} \le 5$
   c) $\theta = 48°$

9) $\sigma(\theta) \cong \left(\dfrac{\dfrac{m_1^2 k}{2 m_2 T_0}}{1 - \sqrt{1 - \left(\dfrac{m_1}{m_2}\theta'\right)^2}} \right)^2 \dfrac{1}{\sqrt{1 - \left(\dfrac{m_1}{m_2}\theta'\right)^2}}$

Capítulo 5

Questões para revisão

1) d
2) b
3) c
4) $R = \left(0,\ 0,\ \dfrac{H}{5}\right)$

5) $I = MR^2 \begin{bmatrix} \frac{2}{5} & 0 & 0 \\ 0 & \frac{2}{5} & 0 \\ 0 & 0 & \frac{2}{5} \end{bmatrix} = \frac{2}{5}MR^2 \begin{bmatrix} 1 & 0 & 0 \\ 0 & 1 & 0 \\ 0 & 0 & 1 \end{bmatrix}$

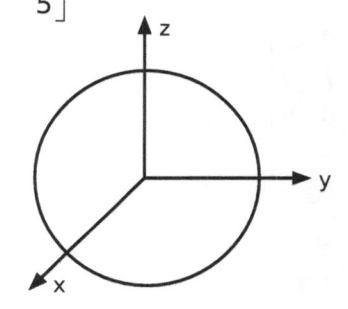

6) $R = \left(0, 0, \dfrac{3(b^4 - a^4)}{8(b^3 - a^3)}\right)$

7)
   a) $I = \dfrac{1}{3}ML^2$

   b) $I = \dfrac{1}{12}ML^2$

8)
   a) 4089 s

   b) 274 J

9)
   a) $I = 2ma^2 \begin{bmatrix} 4 & -1 & -1 \\ -1 & 4 & -1 \\ -1 & -1 & 4 \end{bmatrix}$

   b) $I = 4ma^2 \begin{bmatrix} 1 & 0 & 0 \\ 0 & 1 & 0 \\ 0 & 0 & 1 \end{bmatrix}$

10) $I_{xy} = I_{yz} = 0$

13)

a) $I = ma^2 \begin{bmatrix} 10 & 0 & 0 \\ 0 & 6 & 1 \\ 0 & 1 & 6 \end{bmatrix}$

b) $I = ma^2 \begin{bmatrix} 10 & 0 & 0 \\ 0 & 7 & 0 \\ 0 & 0 & 5 \end{bmatrix}$

14) $I = mb^2 \begin{bmatrix} \dfrac{83}{320} & 0 & 0 \\ 0 & \dfrac{83}{320} & 0 \\ 0 & 0 & \dfrac{2}{5} \end{bmatrix}$

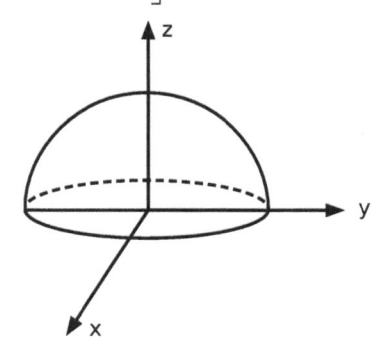

15)

b) $\theta = \dfrac{1}{2}\tan^{-1}\left(\dfrac{2C}{B-A}\right)$

16) $\dot{\phi} = \dfrac{\omega}{I_1}\sqrt{I_1^2 \operatorname{sen}^2\alpha + I_3^2 \cos^2\alpha}$

17) 212 rpm

18)

a) $\Omega^2 = \dfrac{(\lambda_3 - \lambda_1)(\lambda_3 - \lambda_2)}{\lambda_2 \lambda_1} \omega_3^2 = \dfrac{(a^2 - c^2)(b^2 - c^2)}{(a^2 + c^2)(b^2 + c^2)} \omega_3^2 \to \Omega = 174 \text{ rpm}$

b) $\Omega^2 = \dfrac{(\lambda_1 - \lambda_3)(\lambda_1 - \lambda_2)}{\lambda_2 \lambda_3} \omega_3^2 \to \Omega = 111 \text{ rpm.}$

Capítulo 6

Questões para revisão

1) a
2) d
3) d

8)

a) $\gamma = \dfrac{1}{\sqrt{1 - \beta^2}} \approx 1 + \dfrac{1}{2}\beta^2 = 1 + 3{,}56 \cdot 10^{-10}$

b) $\left| \dfrac{\Delta t' - \Delta t}{\Delta t} \right| = 3{,}56 \cdot 10^{-8}$

9) $l' = l\sqrt{\text{sen}^2\,\theta + \dfrac{\cos^2\theta}{\gamma^2}}$; $\tan\theta' = \gamma \tan\theta$

10) $m = 1{,}843$; $m_e = 16{,}8 \cdot 10^{-31}$ kg

11) $\Delta t' = 24\,\mu s$

12) $v' = c$

14) $K = 8{,}10405 \text{ MeV} = 12{,}96648 \cdot 10^{-12}\,J$

Sobre o autor

Joniel Alves dos Santos é bacharel (2009), mestre (2011) e doutor (2016) em Física pela Universidade Federal do Paraná (UFPR). Foi docente dos cursos de Engenharia e Química na UFPR, na Universidade Tecnológica Federal do Paraná (UTFPR) e na Pontifícia Universidade Católica do Paraná (PUCPR). Atualmente, desenvolve pesquisas de pós-doutorado em Física Atômica e Molecular na UFPR.

Impressão
Abril/2022